抽油机

节能技术评价方法

葛苏鞍　马建国　曹　莹／著

CHOUYOUJI
JIENENG JISHU PINGJIA FANGFA

四川大学出版社
SICHUAN UNIVERSITY PRESS

图书在版编目（CIP）数据

抽油机节能技术评价方法 / 葛苏鞍，马建国，曹莹
著 . 一 成都：四川大学出版社，2023.3
（油气田能源管理系列书籍 / 马建国主编）
ISBN 978-7-5690-6051-5

Ⅰ . ①抽… Ⅱ . ①葛… ②马… ③曹… Ⅲ . ①抽油机
—节能—技术—研究 Ⅳ . ① TE933

中国国家版本馆 CIP 数据核字（2023）第 060278 号

书　　名：抽油机节能技术评价方法
　　　　　Chouyouji Jieneng Jishu Pingjia Fangfa
著　　者：葛苏鞍　马建国　曹　莹
丛 书 名：油气田能源管理系列书籍
丛书主编：马建国

丛书策划：胡晓燕　马建国
选题策划：胡晓燕
责任编辑：胡晓燕
责任校对：周维彬
装帧设计：马建国　墨创文化
责任印制：王　炜

出版发行：四川大学出版社有限责任公司
　　　　　地址：成都市一环路南一段 24 号（610065）
　　　　　电话：（028）85408311（发行部）、85400276（总编室）
　　　　　电子邮箱：scupress@vip.163.com
　　　　　网址：https://press.scu.edu.cn
印前制作：四川胜翔数码印务设计有限公司
印刷装订：四川盛图彩色印刷有限公司

成品尺寸：170mm×240mm
印　　张：12
字　　数：227 千字

版　　次：2023 年 4 月 第 1 版
印　　次：2023 年 4 月 第 1 次印刷
定　　价：56.00 元

扫码获取数字资源

四川大学出版社
微信公众号

本社图书如有印装质量问题，请联系发行部调换

前　　言

利用游梁式抽油机采油是石油工业传统的采油方式之一，也是迄今为止在采油工程中占主导地位的人工举升方式。在我国各油田的生产井中，大约有90％使用游梁式抽油机。在采油成本中，抽油机耗电量占油田总耗电量的20％～30％，是油田主要耗能设备，对整个油田的综合开发效益影响显著。多年来，各科研院所和抽油机制造企业在抽油机结构原理、电动机动力特性和电控技术等方面开展了大量研究，相继研制和引进了各种类型的节能抽油机、节能电动机和节能控制箱等节能产品。但是，抽油机节能产品及技术的评价方法尚无系统性文献面世。

为了科学评价适应生产需要的节能产品的节能效果，为油田抽油机及辅助配套节能设备的选型和应用提供科学依据，我们开展了针对抽油机及辅助配套节能设备的节能检测及评价方法研究。本书对国内近年来开发、使用的游梁式抽油机系统节能产品及技术的评价与配置优化进行了论述。本书分为6章：

第1章为抽油机采油系统及其能耗分析，包括概述、抽油机采油系统的工作原理、抽油机采油系统能耗分析等。主要为系统能耗分析提供理论基础。

第2章为抽油机采油系统节能产品及技术，包括节能抽油机、节能电动机、节能控制系统、井下节能技术等。主要为油气田企业实施机械采油系统节能降耗措施提供参考。

第3章为抽油机采油系统节能产品配置优化选择方法，在标准井上对比测试多种节能产品单项及多项优化组合，分析测试结果，评价不同优化配置的经济效益，给出节能设备最佳配置。主要为油气田企业节能产品的选择及方案的制定提供科学依据。

第4章为抽油机采油系统节能产品测试方法，主要对电动机测试系统和抽油机井测试系统做了详细介绍。主要为抽油机采油系统节能监测的评价提供理论依据。

第5章为抽油机采油系统节能产品评价方法，包括节能产品能效评价方法、节能产品经济效益评价方法、节能产品综合评价方法等。主要为油气田企业开展节能技措评价提供科学的评价方法。

第 6 章为抽油机采油系统节能组合产品综合评价案例。主要为油气田企业和管理技术人员提供实践参考。

本书撰写团队包括葛苏鞍（中国石油新疆油田分公司）、马建国（中国石油勘探与生产分公司）和曹莹（东北石油大学）。第 1 章、第 2 章、第 5 章、附录由曹莹执笔；第 3 章、第 6 章的 6.4、6.5 由马建国执笔；第 4 章、第 6 章的 6.1、6.2 和 6.3 由葛苏鞍执笔。全书由马建国统稿、葛苏鞍审阅。

本书得以出版，首先要感谢油气田企业监测技术和节能管理人员提供的宝贵意见，同时感谢东北石油大学徐秀芬、唐友福等老师提供的文案支持。向所有支持和帮助本书出版的人员表示诚挚的谢意！

限于作者知识、经验，疏漏之处在所难免，恳请广大读者批评指正。

著 者
2022 年 12 月

目　录

1　抽油机采油系统及其能耗分析 ……………………………………（ 1 ）
　1.1　概述 …………………………………………………………（ 1 ）
　1.2　抽油机采油系统的工作原理 ………………………………（27）
　1.3　抽油机采油系统能耗分析 …………………………………（40）

2　抽油机采油系统节能产品及技术 ………………………………（47）
　2.1　节能抽油机 …………………………………………………（47）
　2.2　节能电动机 …………………………………………………（59）
　2.3　节能控制系统 ………………………………………………（63）
　2.4　井下节能技术 ………………………………………………（70）

3　抽油机采油系统节能产品配置优化选择方法 …………………（85）
　3.1　节能抽油机的选择 …………………………………………（85）
　3.2　节能电动机的选择 …………………………………………（88）
　3.3　节能控制箱的选择 …………………………………………（90）
　3.4　节能组合产品的选择 ………………………………………（91）
　3.5　节能产品叠加经济效益分析 ………………………………（107）
　3.6　抽油机采油系统节能产品配置优化选择建议 ……………（110）

4　抽油机采油系统节能产品测试方法 ……………………………（112）
　4.1　监测内容 ……………………………………………………（112）
　4.2　监测方法 ……………………………………………………（113）
　4.3　计算方法 ……………………………………………………（116）
　4.4　考核指标 ……………………………………………………（117）
　4.5　监测结果评价与分析 ………………………………………（118）

5　抽油机采油系统节能产品评价方法 ·· (120)

　　5.1　节能产品能效评价方法 ·· (120)

　　5.2　节能产品经济效益评价方法 ·· (123)

　　5.3　节能产品综合评价方法 ·· (124)

6　抽油机采油系统节能组合产品综合评价案例 ·· (137)

　　6.1　抽油机对比试验 ·· (138)

　　6.2　电动机对比试验 ·· (140)

　　6.3　控制箱对比试验 ·· (144)

　　6.4　节能产品组合试验 ·· (148)

　　6.5　应用效果 ·· (153)

参考文献 ·· (155)

附录1　抽油机参数 ·· (161)

附录2　电动机参数 ·· (163)

附录3　抽油机典型实测示功图分析 ·· (174)

1 抽油机采油系统及其能耗分析

1.1 概述

随着社会经济发展对能源需求的增加，我国对石油的依赖日益增强，每年原油进口量呈增加趋势。目前，石油的来源仍以陆地油藏为主。陆地采油方式主要分为两大类：一是利用油田天然能量举升原油，称为自喷采油；二是依靠人工补充能量举升原油，称为人工举升采油。当前世界范围的人工举升采油的油井占总井数的90％，并且这一比例在逐渐增加。我国多数油田处于开发的中后期，油井的自喷能力大多已经下降或者丧失，也多采用人工举升的方式开采石油。人工举升采油主要分为气举和泵法两种。泵法采油井通常称为机械采油井，简称机采井，可分为有杆式和无杆式两大类。其中抽油机采油井占有杆式采油井总数的90％以上。我国现有机采井保有量为19万口以上。

抽油机可分为游梁式抽油机和无游梁式抽油机两类，其中游梁式抽油机以其结构简单、可靠性高、运行稳定、成本较低等优点占据主要份额。由于游梁式抽油机本身固有的负载不平衡现象，以及启动、油管结蜡等会造成负载过大等情况，选择抽油机电动机功率时必须考虑最大负载乃至过载情况，因此不可避免地会产生"大马拉小车"的问题。游梁式抽油机的结构特征决定了它平衡效果欠佳，曲柄净扭矩脉动大，存在负扭矩、负载率低、工作效率低和能耗大等缺点。

从能量转换角度来看，人工举升采油相当于用另外的能源输入来换取原油，而另外的能源多采用电能。据统计，近年来中国石油行业每年生产原油1.9亿吨左右，石油行业向社会提供大量能源的同时年耗电数高达百亿千瓦时。在采油成本中，抽油机年耗电量占油田总耗电量的30％左右，为油田电耗的第二位，仅次于注水电耗。目前，机采井系统效率平均低于30％，已严重影响油田的综合开发效益。显然，采油系统效率很大程度上决定了"以电换油"这一过程中的"投入产出比"。提高采油系统效率即提高能源利用效率，

1

实现节能降耗，这对提高油田开发的综合经济效益具有重要的现实意义。

有杆抽油设备中，国内外应用最广泛的是有杆抽油装置。它结构简单、制造容易、维护方便，如图 1-1 所示。

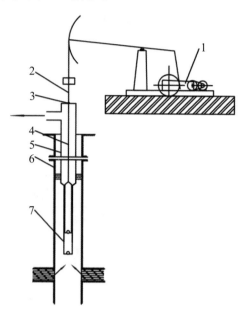

1—游梁式抽油机；2—光杆；3—光杆密封器；4—抽油杆；5—油管；6—套管；7—抽油泵

图 1-1 有杆抽油装置

整套装置由三部分组成：一是地面部分——游梁式抽油机，由电动机、减速箱和四连杆机构组成；二是井下部分——抽油泵，悬挂在套管中油管的下端；三是联系地面和井下的中间部分——抽油杆柱，由一种或几种直径的抽油杆和接箍组成。由图 1-1 可知，电动机通过三角皮带传动带动减速箱，减速后由四连杆机构（曲柄、连杆、横梁和游梁）把减速箱输出轴的旋转运动变为游梁驴头的往复摆动。用驴头带动光杆和抽油杆做上下往复的直线运动。通过抽油杆将这个运动传给井下抽油泵中的柱塞（活塞）。在抽油泵泵筒的下部装有固定阀（吸入阀），而在柱塞上装有游动阀（排出阀）。当抽油杆向上运动、柱塞做上冲程时，固定阀打开，泵从井中吸入液体。同时，由于游动阀关闭，柱塞将它上面油管中的液体上举到井口，这就是抽油泵的吸入过程。当抽油杆向下运动、柱塞做下冲程时，固定阀关闭而游动阀打开，柱塞下面的液体通过游动阀排到它的上面，这就是抽油泵的排出过程。随着井深和产量的不断增加，以及油井开采复杂条件的经常出现（如高黏、多蜡、多砂、多气、强腐蚀性等条件），游梁式抽油机—抽油泵装置的缺点越来越明显，主要是该种抽油机质量大，不易实现长冲程，在生产中抽油杆的事故率较高而抽油泵的排量较小。

为了减轻抽油机的质量，国内一些油田采用了无游梁式抽油机。它分为机械式无游梁抽油机和液压式无游梁抽油机（即液压式抽油机）两种。机械式和液压式无游梁抽油机的共同特征是保留抽油杆，维持有杆抽油设备的工作方式；它们的不同之处是地面运动和动力传递方式。本节主要以游梁式抽油机为例介绍抽油机的基本参数及分类等。

1.1.1　游梁式抽油机的基本参数

抽油设备用于从一定井深处抽出一定数量的原油或液体，所以，井深和产量是评定抽油设备工作能力的重要指标。为了达到这两个指标，往往对游梁式抽油机的工作能力提出以下四个方面的要求，即游梁式抽油机的四项基本参数：

（1）额定悬点载荷：悬绳器悬挂光杆处（悬点）承受的光杆拉力的额定值，单位为 kN。这一载荷包括静载荷和动载荷。

（2）光杆最大冲程：调整游梁式抽油机冲程调节机构，使光杆能获得最大的位移，单位为 m。游梁式抽油机光杆最大冲程长度（S_{max}）从 0.3 m 到 10 m，而应用最广的是在 6 m 以下。

（3）最高冲次：在电动机输出轴上装设允许的最大直径皮带轮和减速器输入轴上装设允许的最小直径皮带轮时，游梁式抽油机所能获得的冲次（n_{max}），单位为次/min。

（4）减速箱额定扭矩：减速箱输出轴允许的最大扭矩（M_{max}），单位为 kN·m。

1.1.2　游梁式抽油机分类

《石油天然气工业　游梁式抽油机》（GB/T 29021—2012）按结构和平衡方式，对游梁式抽油机进行分类。

1.1.2.1　按结构分类

游梁式抽油机按其结构可分为常规型、异相型、前置型、双驴头型四类。

1. 常规型

常规型抽油机是驴头和曲柄分别位于支架前、后，平衡角为零的游梁式抽油机，如图 1—2 所示。平衡角（异相角）是减速器输出轴轴心与曲柄平衡重重心连线和减速器输出轴轴心与一排销孔中心连线之间的夹角。

2. 异相型

异相曲柄平衡抽油机是驴头和曲柄连杆机构分别位于支架前、后，平衡角不为零且具有较大极位夹角的游梁式抽油机，如图1-3所示。

3. 前置型

前置型抽油机是驴头、曲柄连杆机构都位于支架前面的游梁式抽油机，如图1-4所示。

4. 双驴头型

双驴头型抽油机是悬挂光杆的驴头和曲柄连杆机构分别位于支架前、后，在一次冲程过程中，游梁后臂长度和连杆长度不为常数的游梁式抽油机，如图1-5所示。

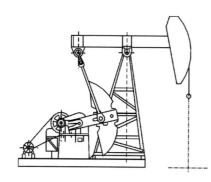
图1-2　常规型抽油机

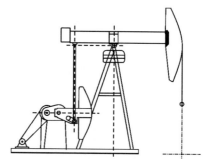
图1-3　异相曲柄平衡抽油机

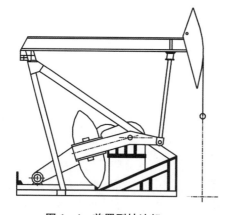
图1-4　前置型抽油机

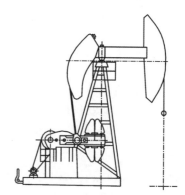
图1-5　双驴头型抽油机

1.1.2.2　按平衡方式分类

根据平衡方式，游梁式抽油机可分为机械平衡和气动平衡两类。机械平衡又分为游梁平衡、曲柄平衡和复合平衡三种，游梁平衡用于轻型抽油机，曲柄平衡用于重型抽油机，而复合平衡用于中型抽油机。机械平衡抽油机需要的金属多，质量大，调整不方便，但结构简单，因而是目前应用最广的一种。气动平衡抽油机，是利用气缸活塞上所承受的气体压力来进行平衡的抽油机，其整机质量与机械平衡抽油机相比轻 35%～40%，调整也更为方便。但其结构较复杂，因此应用较少。

除《石油天然气工业　游梁式抽油机》（GB/T 29021—2012）中列举的抽油机，还有多种不同结构的游梁式抽油机，如偏轮式游梁抽油机、摆杆式抽油机、曲游梁抽油机、下偏杠铃游梁复合平衡抽油机，如图 1-6～图 1-9 所示。

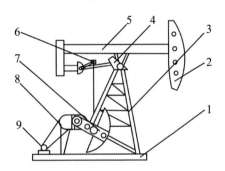

1—底座；2—驴头；3—支架；4—操纵杆；5—游梁；
6—横梁；7—曲柄；8—减速器；9—电动机

图 1-6　偏轮式游梁抽油机

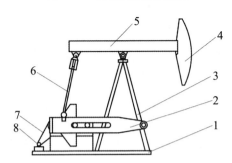

1—底座；2—摆杆；3—支架；4—驴头；
5—游梁；6—连杆；7—带传动；8—电动机

图 1-7　摆杆式抽油机

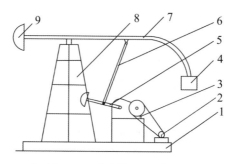

1—底座；2—电动机；3—减速器；4—游梁平衡重；5—曲柄；
6—连杆；7—游梁；8—支架；9—驴头

图 1—8 曲游梁抽油机

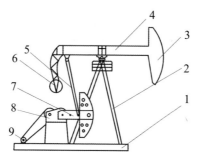

1—底座；2—支架；3—驴头；4—游梁；5—连杆；
6—下偏体；7—曲柄；8—减速器；9—电动机

图 1—9 下偏杠铃游梁复合平衡抽油机

1.1.3 抽油机表示方法

《石油天然气工业　游梁式抽油机》（GB/T 29021—2012）中规定，以游梁式抽油机类别代号、额定悬点载荷、光杆最大冲程、减速器额定扭矩、减速器齿轮齿形代号、平衡方式代号为序，并在额定悬点载荷、光杆最大冲程和减速器额定扭矩间采用连接号组成规格代号表示游梁式抽油机，如图 1—10 所示。

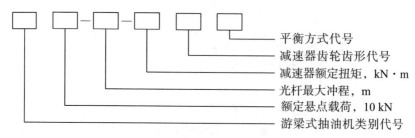

图 1—10 游梁式抽油机规格代号

（1）游梁式抽油机类别代号：CYJ 表示常规型抽油机，CYJQ 表示前置型抽油机，CYJY 表示异相型抽油机，CYJS 表示双驴头型抽油机。

（2）减速器齿轮齿形代号：H 表示点啮合双圆弧齿轮；不标注符号"H"，代表渐开线齿轮。

（3）平衡方式代号：Y 表示游梁平衡，B 表示曲柄平衡，F 表示复合平衡，Q 表示气动平衡。

例如，CYJ10-3-37HB 表示的抽油机为常规型游梁式抽油机，额定悬点载荷为 100 kN，光杆最大冲程为 3 m，减速箱额定扭矩为 37 kN·m，减速器采用点啮合双圆弧齿轮，曲柄平衡。

1.1.4 抽油机采油系统的基本结构

1.1.4.1 抽油机

目前，应用最广泛的游梁式抽油机是机械平衡式抽油机。图 1-11 为曲柄平衡游梁式抽油机空间结构，图示抽油机主要由游梁、驴头、横梁、连杆、曲柄、减速箱、制动机构、支架、底座、悬绳器、平衡重及电动机组成。

图 1-11　曲柄平衡游梁式抽油机空间结构

1. 驴头

驴头用来将游梁前端的圆弧往复运动（往复摆动）变为抽油杆的垂直直线往复运动。驴头弧面半径（R）（见图 1-12）应等于前臂长度。为保证一定的冲程长度，驴头弧面曲线长度（S_a）应为

$$S_a = (1.2 \sim 1.3)S_{max} \tag{1-1}$$

式中：S_{max}——驴头悬点的最大冲程长度。

图 1-13 为侧转式驴头。

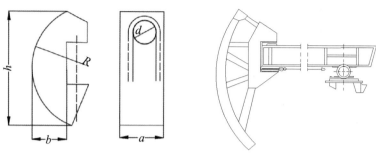

图 1－12　驴头尺寸图 　　　　　　图 1－13　侧转式驴头

2. 游梁

游梁用型钢组合焊成，也有用普通工字钢制成的；由一个中间短轴和两个轴承支在抽油机支架上。因为游梁承受了抽油机的全部载荷，所以要有足够的强度和刚度。常用游梁结构为型钢焊制，如图 1－14 所示。

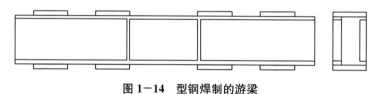

图 1－14　型钢焊制的游梁

3. 横梁与连杆

横梁与连杆可分为两种结构：一种是将横梁与连杆焊接在一起，如图 1－15 所示，其特点是连接件少、结构简单，适合用在小型抽油机上。另一种是单独横梁，如图 1－16 所示；其一般用于大型抽油机。

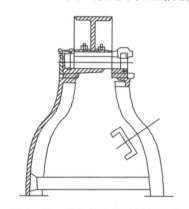

图 1－15　横梁与连杆的焊接结构

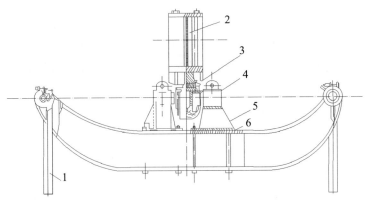

1—连杆；2—游梁；3—肋板；4—轴；5—轴承座；6—横梁上板

图 1—16 抽油机的横梁（单独横梁）

抽油机的连杆结构如图 1—17 所示，其一般用无缝钢管制成，两端焊有连杆头。抽油机正常工作时，上端连杆头和横梁无转动，用销子连接或焊接，下端连杆头和曲柄用曲柄销子连接，在下端连杆曲柄销处安装有滚动轴承。曲柄销子和曲柄间一般用圆锥面相连，在销子头上用一螺母固定曲柄销子和曲柄，在曲柄上加工有3~5 个锥孔，通过将曲柄销子安装在不同锥孔中，而改变悬点冲程长度。

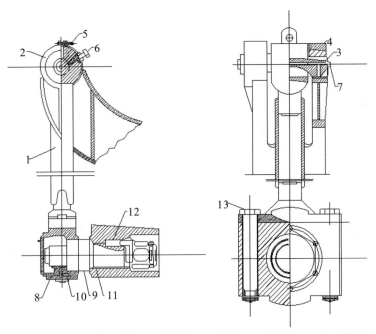

1—连杆体；2—连杆上头；3—销子；4—衬套；5—螺钉；6—止动螺钉；
7—丝堵；8—连杆下头；9—曲柄销；10—轴承；11—曲柄；12—键；13—连杆螺钉

图 1—17 抽油机的连杆结构

4. 平衡重

由于游梁式抽油机上、下冲程的载荷很不均匀，上冲程时，驴头需提起抽油杆柱和油柱；而下冲程时，抽油杆依靠自重就可以下落，这样就使电动机做功极不均匀。为了使上、下冲程电动机做功均匀，采用平衡重对抽油机上、下冲程的载荷进行平衡。游梁式抽油机平衡重分为两类：一类为游梁平衡重，装在游梁尾部，一般做成片状，在调整时，用人力抬或吊车吊到抽油机上或取下来；另一类为曲柄平衡重，装在曲柄上，平衡重材料多为铸铁。

5. 减速箱

一般抽油机上使用的减速箱多为两级齿轮式，转动比一般为 25～40，在个别情况下也有使用一级齿轮减速箱或链轮减速箱的；由于工作载荷大，一般小功率时采用斜齿，大功率时采用人字齿，齿廓从渐开线型发展为圆弧型。减速箱采用圆弧齿轮后，其承载能力比渐开线齿轮提高 0.5～1 倍，因而比相同参数的渐开线齿轮减速箱体积有所减小，这也给抽油机其他部分尺寸的缩小创造了条件。

6. 刹车机构

抽油机刹车机构常用的为刹带型或闸瓦型。

7. 支架

支架常用型钢焊成。特轻型抽油机可用两根圆管作支架，重型抽油机可做成三腿或四腿的桁架。

8. 悬绳器

悬绳器由卡瓦牙、上下支撑板及顶丝等组成，将钢丝绳及光杆相连接。悬绳器上可以安放示功仪，以测绘悬点示功图。

1.1.4.2 抽油杆柱

抽油杆柱是将地面抽油机驴头悬点的直线往复运动传递给井下抽油泵的中间环节，由接箍连接的单个抽油杆组装而成，抽油杆和接箍如图 1-18 所示。

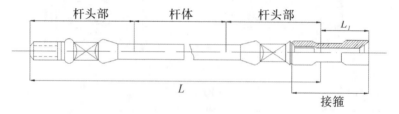

图 1-18 抽油杆和接箍

抽油杆的强度和使用寿命决定了整套抽油设备的排量和最大下泵深度。目前，除实心抽油杆外，还采用空心抽油杆和玻璃纤维抽油杆。空心抽油杆不仅可同时用来进行井内清蜡、防砂、脱乳和加阻化剂等工作，还可用来同时分采多油层，但由于一些技术原因，应用并不广泛。

1.1.4.3 抽油泵

抽油泵由四个主要零件组成：柱塞、泵筒、固定阀和游动阀。由于它在井下工作，连在油管下端或固定在油管内部，因此外廓尺寸受到油管内径的限制。为了提高排量，只有增加冲程长度。目前，抽油泵最大冲程长度达 6 m，这使得抽油泵的外廓形状又细又长。同时，受径向尺寸的限制，抽油泵的固定阀和游动阀重叠放置，一般固定阀装在泵筒下端，游动阀装在柱（活）塞上。

抽油泵是在油井内含砂、蜡、气、水、硫化氢等条件下工作的，因此，泵的零件易被磨损和腐蚀，造成漏失，降低排量。特别是在深井条件下，泵筒内压力高达 10～20 MPa，不仅对强度的要求较高，而且对柱塞和缸套（或泵筒）、阀和阀座密封性的要求也较高。当原油含蜡、气较多时，甚至会导致抽油泵不能正常工作。

抽油泵主要有管式泵和杆式泵两类，如图 1-19 所示。

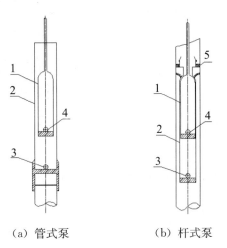

（a）管式泵   （b）杆式泵

1—柱塞；2—泵筒；3—固定阀；4—游动阀；5—锁紧卡簧

图 1-19 抽油泵

管式泵的泵筒和油管连在一起，固定阀装在泵筒上，游动阀装在柱塞上，具有结构简单、成本低的特点，在相同的油管尺寸下泵筒直径较大，因而排量较大。但当固定阀漏失需要打捞上来修理、换泵时，需起出全部油管。又因为非生产时间较长，修井工作量也较大，所以多用于浅井中。杆式泵的特点是柱塞、泵筒、游动阀和固定阀由抽油杆连成一个整体，检泵很方便，只要起下抽油杆，就可将泵一起取出，节省起下时间，减少油管丝扣磨损；但其结构复杂，制造成本较高，通常用于深井中。

1.1.4.4 电动机

电动机是抽油机采油系统的一个重要组成部分，会对系统中的其他环节产生很大的影响。在研究提高抽油机系统效率、评价系统的经济性和采取节能措施后的节电效果时，最终也是由测得的电动机运行参数来衡量和反映的。

1. 电动机的分类方法

1）按工作电源种类分

按工作电源种类，电动机可分为直流电动机和交流电动机两类，具体分类如图1-20所示。

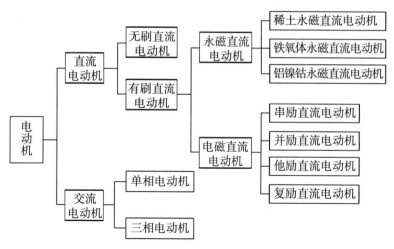

图1-20 电动机分类（按工作电源种类分）

2）按结构和工作原理分

按结构和工作原理，电动机可分为直流电动机、异步电动机和同步电动机三类，具体分类如图1-21所示。

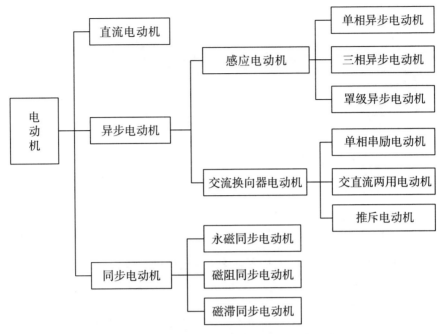

图 1-21 电动机分类（按结构和工作原理分）

3）按启动与运行方式分

按启动与运行方式，电动机可分为电容启动式、电容运转式、电容启动运转式和分相式单相异步电动机四类，如图 1-22 所示。

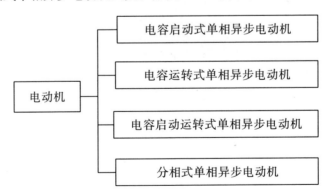

图 1-22 电动机分类（按启动与运行方式分）

4）按用途分

按用途，电动机可分为驱动用电动机和控制用电动机两类，具体分类如图 1-23 所示。

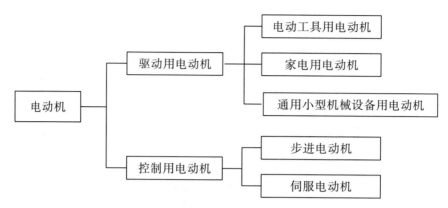

图 1-23　电动机分类（按用途分）

5）按转子结构分

按转子结构，电动机可分为鼠笼型异步电动机和绕线型异步电动机两类，如图 1-24 所示。

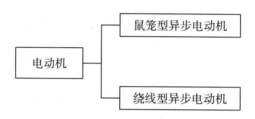

图 1-24　电动机分类（按转子结构分）

6）按运转速度分

按运转速度，电动机可分为低速、高速、恒速和调速电动机四类，具体分类如图 1-25 所示。

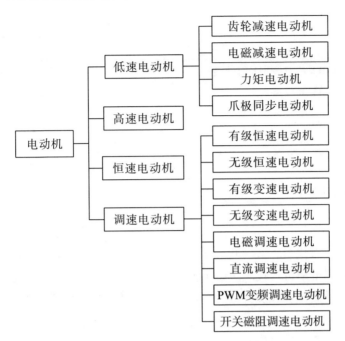

图 1－25 电动机分类（按运转速度分）

2. 电动机的型号表示

电动机的产品型号由产品代号、规格代号、特殊环境代号及补充代号四部分组成，并按以下顺序排列，如图 1－26 所示。

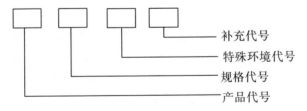

图 1－26 电动机产品型号表示

1) 产品代号

电动机的产品代号由电动机类型代号、电动机特点代号、设计序号和励磁方式代号四个小节按顺序组成。

电动机类型代号：我国的电动机类型代号采用汉语拼音字母来表示，见表 1－1。

表 1-1　电动机类型代号

序号	电动机类型	代号
1	异步电动机（笼型及绕线转子型）	Y
2	同步电动机	T
3	直流电动机	Z
4	测功机	C
5	交流换向器电动机	H
6	潜水电动机	Q
7	纺织用电动机	F

　　电动机特点代号：表示电动机的性能、结构或用途等，采用汉语拼音标注。对于防爆电动机，代表防爆类型的字母 A（增安型）、B（隔爆型）和 ZY（正压型）应标于电动机的特点代号首位，即紧接在电动机类型代号后面标注。

　　设计序号：指电动机产品设计的顺序，用阿拉伯数字表示。对于第一次设计的产品不标注设计序号，派生系列设计序号按基本系列标注，专用系列按本身设计的顺序标注。

　　励磁方式代号：用汉语拼音字母标注，其中字母 S 表示三次谐波励磁、J 表示晶闸管励磁、X 表示复励励磁。当有设计序号时，应标注于设计序号之后；当不必标注设计序号时，则标于电动机特点代号之后．并用短线分开。

　　2）规格代号

　　电动机的规格代号用轴中心高、铁心外径、机座号、机壳外径、轴伸直径、凸缘代号、机座长度、铁心长度、功率、电流等级、转速或极数等来表示。机座长度采用国际通用字母符号表示，S 表示短机座、M 表示中机座、L 表示长机座。铁心长度按由短至长，依次用数字 1，2，3，…表示。极数用阿拉伯数字表示。

　　3）特殊环境代号

　　电动机的特殊环境代号见表 1-2。

表 1-2　电动机的特殊环境代号

特殊环境	高原用	船（海）用	户外用	化工防腐用	热带用	湿热带用	干热带用
代号	G	H	W	F	T	TH	TA

4）补充代号

补充代号仅适用于有此要求的电动机。用汉语拼音字母（不应与特殊环境代号重复）或阿拉伯数字表示，所代表的意义应在产品标准中做具体规定。

示例 1：Y100L1-2 表示异步电动机，中心高为 100 mm，长机座型，1 号铁心长度，2 极。

示例 2：Y2-160M2-2WF 表示异步电动机，第二次设计，中心高为 160 mm，中等长度机座，2 号铁心长度，2 极，可在户外并有腐蚀性气体的工作环境中使用。

示例 3：Z4-112/2-1 表示直流电动机，第四次设计，中心高为 112 mm，1 号铁心长度，2 极。

3. 电动机的工作原理

电动机的工作原理基于电磁感应定律和电磁力定律。电动机进行能量转换时，需具备能做相对运动的两个部件：建立励磁磁场的部件和感应电动势并流过工作电流的被感应部件。这两个部件中，静止的称为定子，做旋转运动的称为转子。定、转子之间有一个较小的空气间隙，以便转子旋转。电磁转矩由气隙中的励磁磁场与被感应部件中的电流所建立的磁场相互作用产生。通过电磁转矩的作用，电动机向机械系统输出机械功率。根据上述两个磁场的建立方式，电动机可分为不同种类。例如，两个磁场均由直流电流产生，则形成直流电动机；两个磁场分别由不同频率的交流电流产生，则形成异步电动机；一个磁场由直流电流产生，另一个磁场由交流电流产生，则形成同步电动机。

这里以油气田生产系统中常用的三相异步电动机为例来说明电动机的结构组成及其工作原理。三相异步电动机的两个基本组成部分为定子（固定部分）和转子（旋转部分），此外还有端盖、风扇等附属部分，如图 1−27 所示。

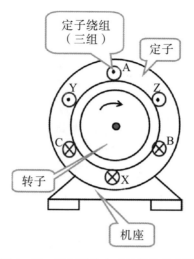

图 1-27　三相异步电动机结构示意图

1）定子

三相异步电动机的定子由三部分组成，详见表 1-3。

表 1-3　三相异步电动机的定子组成

定子	定子铁心	由厚度为 0.5 mm、相互绝缘的硅钢片叠成，硅钢片内圆上有均匀分布的槽，其作用是嵌放定子三相绕组 AX、BY、CZ
	定子绕组	三组用漆包线绕制好的，对称地嵌入定子铁心槽内的相同的线圈。这三相绕组可接成星形或三角形
	机座	机座用铸铁或铸钢制成，其作用是固定铁心和绕组

2）转子

三相异步电动机的转子由三部分组成，详见表 1-4。

表 1-4　三相异步电动机的转子组成

转子	转子铁心	由厚度为 0.5 mm、相互绝缘的硅钢片叠成，硅钢片外圆上有均匀分布的槽，其作用是嵌放转子三相绕组
	转子绕组	转子绕组有两种形式：鼠笼式、绕线式
	转轴	转轴上加机械负载

异步电动机转动原理模拟装置如图 1-28 所示。

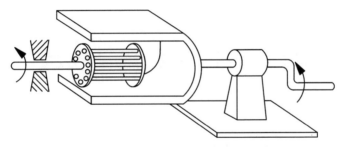

图1-28　异步电动机转动原理模拟装置

在装有手柄的蹄形磁铁的两极间放置一个"鼠笼"转子，当转动手柄带动蹄形磁铁旋转时，将发现"鼠笼"转子也跟着旋转，"鼠笼"转子的转速总是低于外部磁铁旋转的速度。这是因为，只有在转子转速不等于磁场转速的情况下，当外部磁场旋转时，其磁力线才能切割转子导条，在导条中产生感应电动势及感生电流；进而通电导体受到电磁力的作用，转子才能旋转。正是因为外部磁场转速与转子转速有差异才能工作，所以这种电动机被称为异步电动机。

对于鼠笼式异步电动机，其转子结构与模拟装置中的转子是相似的，不同的地方在于，在转子的外部不是旋转磁极，而是由软磁材料制成的圆柱形的定子铁心，在定子铁心内侧嵌入了定子绕组。在绕组中流过交流电流后，定子铁心内表面就可建立等效的N极与S极区域，当电流随着时间正弦变化时，N极和S极区域在定子内圆表面的位置会发生连续变化，产生与上述实验相似的磁极旋转的等效磁极，亦即产生了"旋转磁场"。

图1-29表示最简单的三相定子绕组AX、BY、CZ，它们在空间按互差120°的规律对称排列，并接成星形，与三相电源U、V、W相联。三相定子绕组通过三相对称电流，随着电流流过定子绕组，三相定子绕组中就会产生旋转磁场。绕组中电流的变化曲线和旋转磁场的形成情况如图1-30所示。

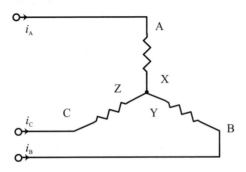

图1-29　三相异步电动机定子接线及电流

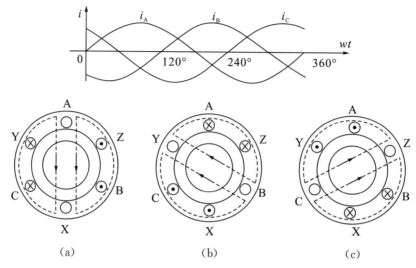

图 1-30　绕组中电流的变化曲线和旋转磁场的形成情况

当 $\omega t = 0°$ 时，$i_A = 0$，AX 绕组中无电流；i_B 为负，BY 绕组中的电流从 Y 流入、B 流出；i_C 为正，CZ 绕组中的电流从 C 流入、Z 流出；由右手螺旋定则可得合成磁场的方向如图 1-30（a）所示。

当 $\omega t = 120°$ 时，$i_B = 0$，BY 绕组中无电流；i_A 为正，AX 绕组中的电流从 A 流入，X 流出；i_C 为负，CZ 绕组中的电流从 Z 流入、C 流出；由右手螺旋定则可得合成磁场的方向如图 1-30（b）所示。

当 $\omega t = 240°$ 时，$i_C = 0$，CZ 绕组中无电流；i_A 为负，AX 绕组中的电流从 X 流入、A 流出；i_B 为正，BY 绕组中的电流从 B 流入、Y 流出；由右手螺旋定则可得合成磁场的方向如图 1-30（c）所示。

可见，当定子绕组中的电流变化一个周期时，合成磁场也按电流的相序方向在空间旋转一周。随着定子绕组中的三相电流不断地做周期性变化，产生的合成磁场也不断地旋转，因此称为旋转磁场。

旋转磁场的方向由三相绕组中的电流相序决定，若想改变旋转磁场的方向，只要改变通入定子绕组的电流相序，即将三根电源线中的任意两根对调。这时，转子的旋转方向也跟着改变。

4. 电动机的性能参数

下面主要从电动机的基本参数、运行特性和电动机损耗与效率三个方面对异步电动机的性能进行简要介绍。

1）基本参数

三相异步电动机的基本参数包括极数、转速与转差率。

（1）极数。

三相异步电动机的极数就是旋转磁场的极数，其值是磁极对数 P 的 2 倍。旋转磁场的极数和三相绕组的安排有关。三相异步电动机旋转磁场的转速 n_1 与磁极对数 P 有关：

$$n_1 = \frac{60f}{P} \tag{1-2}$$

由式（1-2）可知，旋转磁场的转速 n_1 决定于电流频率 f 和磁极对数 P。对某一异步电动机而言，f 和 P 通常是一定的，所以旋转磁场的转速 n_1 是常数。

在我国，电动机的工频电源为 50 Hz，因此对应于不同磁极对数 P 的旋转磁场的转速 n_1，见表 1-5。

表 1-5 不同磁极对数的旋转磁场转速

P	1	2	3	4	5	6
n_1（r/min）	3000	1500	1000	750	600	500

（2）转速与转差率。

电动机转子转动的方向与磁场旋转的方向相同，但转子的转速 n 不可能达到与旋转磁场的转速 n_1 相等，否则转子与旋转磁场之间就没有相对运动，磁力线就不能切割转子导体，这样转子电动势、转子电流以及转矩就不存在了。因此旋转磁场与转子之间必存在转速差，通常用转差率来表示转子转速与磁场转速相差的程度。

旋转磁场的转速 n_1 常称为同步转速。通常把同步转速 n_1 和电动机转速 n 之差与同步转速 n_1 的比值称为转差率 s，计算方法如式（1-3）：

$$s = \frac{n_1 - n}{n_1} \tag{1-3}$$

由式（1-3）可以得到计算电动机转子转速的常用公式：

$$n = (1-s)n_1 \tag{1-4}$$

2）运行特性

电动机运行特性是指电动机在额定电压和额定频率下运行时，转子转速 n、电磁转矩 T_{em}、功率因数 $\cos\varphi$、效率 η 和定子电流 I_s 与输出功率 P_2 的关系。一般用途异步电动机的运行特性曲线如图 1-31 所示。

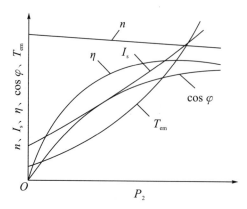

图 1-31　一般用途异步电动机的运行特性曲线

由图 1-31 可以看出：

（1）从空载到满载范围运行时，转子转速稍有下降，一般用途电动机满载转差率为 0.015～0.050，即满载额定转速仅比同步转速低 1.5%～5.0%；

（2）轻载时，效率及功率因数很低，而当负载增加到大约 50% 额定值以上时，η、$\cos\varphi$ 很大且变化很小；

（3）电磁转矩及定子电流随负载增加而增大。

3）电动机损耗与效率

电动机损耗主要有基本铁损耗、绕组电阻损耗与电刷接触损耗、杂散损耗及风摩损耗。

（1）基本铁损耗。

在铁心中主磁通交变引起的磁滞及涡流损耗称为基本铁损耗，常按下式计算：

$$P_{Fe} = KP_{1/50}B^2\left(\frac{f}{50}\right)^{1.3}G_{Fe} \qquad (1-5)$$

式中：P_{Fe}——基本铁损耗，W；

　　K——考虑铁心加工、磁通密度分布不均等因素使铁损耗增加的修正系数；

　　$P_{1/50}$——频率为 50 Hz、磁通密度为 1 T 时铁心材料（硅钢片）的单位损耗，W/kg；

　　B——铁心磁通密度，T；

　　f——磁通交变频率，Hz；

　　G_{Fe}——铁心质量，kg。

计算时应分别计算定子或电枢铁心的齿、轭部铁损耗，然后相加得值。正常运行时，同步电动机的磁极极身主磁通不变，异步电动机转子内的磁通交变频率很低，基本铁损耗可忽略不计。

（2）绕组电阻损耗与电刷接触损耗。

绕组电阻损耗是电流流过绕组电阻产生的损耗，即铜损耗。按国家标准规定计算损耗时，绕组电阻应折算到与绕组绝缘等级相对应的基准工作温度下。对多相交流电动机，电阻损耗应为各相绕组损耗之和，其电阻为直流电阻；对直流电动机，除电枢绕组的电阻损耗外，还应包括与之串联的换向极绕组及补偿绕组的电阻损耗；对带励磁绕组的同步电动机或直流电动机，应计入励磁绕组的电阻损耗；若电动机有电刷与集电环或换向器时，还应计算电刷接触损耗。

（3）杂散损耗。

由定子、转子绕组中电流产生的漏磁场和高次谐波磁场，以及由气隙磁导变化产生的气隙磁场变化而引起的损耗称为杂散损耗。

杂散损耗按产生损耗的有效部位，分为杂散铁损耗和杂散铜损耗；按产生时的工作状况，可分为空载和负载杂散损耗，空载杂散损耗基本上是杂散铁损耗，常与基本铁损耗一起包括在空载铁耗中。

杂散铜损耗包括由漏磁通引起导体中电流集肤效应而使绕组电阻增大，以及导体由多股线并联时，因各股线所处位置不同，感生的漏磁电动势不同，以致在股线间产生环流而引起损耗。对异步电动机，还包括由定子谐波磁通在转子绕组中感生的谐波电流产生的损耗，以及斜槽笼型转子因流动于导条间的横向电流而在导条中产生的损耗。

杂散铁损耗大致与引起损耗的谐波磁通密度的平方成正比，因而空载杂散铁损耗随槽口宽度增大或气隙长度减小而增加，同时随磁场与产生损耗的部件间的相对运动速度的增大而增大。并且，其与产生损耗的部件表面状况有关。开口槽采用磁性槽楔可使开槽引起的磁导齿谐波磁通大为降低，因而大、中型交流电动机常借此降低其空载杂散损耗。

（4）风摩损耗。

风扇及通风系统损耗取决于风扇的形式及尺寸、通风系统结构及冷却介质密度等。电动机转子表面与冷却介质的摩擦损耗取决于转子直径、长度及圆周速度，约与转子直径的五次方、速度的三次方成正比。轴承损耗取决于轴承型式、承受的比压力、轴颈圆周速度及润滑情况。电刷摩擦损耗取决于电刷的型式、比压力、接触面积、机电环或换向器的圆周速度。风摩损耗一般情况下为上述各损耗之和。

（5）效率。

根据输出功率 P_2 和各种损耗之和 $\sum P$ 可求得效率：

$$\eta = \frac{P_2}{P_2 + \sum P} \tag{1-6}$$

一般考核额定输出功率 P_N 下的额定效率，但运行中也应注意不同输出功率 $(0.5 \sim 1.0)P_N$ 下的效率。对同一类电机，一般情况下，单机容量较大者效率较高。

1.1.4.5 节能控制系统

目前，国内外有关抽油机节能方面的研究主要体现在三个方面：一是改进抽油机机械结构，结合不同地质条件设计不同机械结构的抽油机；二是提高抽油机电动机的工作效率，选用新型电动机替代常用的异步电动机；三是给抽油机增加节能设备，通过节约抽油机运行中不必要的能耗，实现节能。上述三种方法中前两种都需要替换抽油机的主要部件，这样会给油田增加经济负担，增加经济和时间成本。因此，给抽油机添加节能控制设备成了抽油机节能的首选措施。

1. 间抽控制器

抽油机拖动装置以油液最大抽取量进行选型，随着油层液体的不断提取，油井供液能力会逐渐下降，抽油机负荷通常也会下降，对电动机装机功率的浪费也将越来越多。间抽是控制抽油机以一定时间间隔进行运转，设置时间间隔的原则是保证油井可为泵提供较大充满度，充分利用电动机的驱动功率。实行间抽初期，采用人工控制抽油机启停的办法来实现间抽，后期为节省劳动成本，将油井油液浸满规律输入定时钟，取代人工。近年来，国内外专家学者对抽油机的智能控制做了大量应用研究，为油田的节能增效做出了重大贡献。试验表明，在不降低原油产量的情况下，使用间抽控制器的节能率可达 15%。间抽控制得当，可以有效提高采油量，降低能量消耗，提升效率。但大多数油井不允许间歇性工作，因其轻则会影响采油量，重则会导致井口结蜡、结盐或结油，使油井无法再开启。

2. 断续供电节能

断续供电节能技术的基本原理是电动机处于倒发电工况时切断电源，电动机及电路没有电能消耗，基本不改变电动机冲次。当电动机进入电动工况时，通过快速软投入控制实现电源无冲击投入，整个过程可实现断电不停机，通电无冲击控制。该项技术难点主要有两个：最佳断电时间判定和接通电源无冲击。有研究人员通过分析抽油机平衡配重与曲柄的位置、悬点及泵载荷与位移之间的关系，提出一种基于断电后系统转速预判的断电时刻准确判定方法，节电效果明显。还有研究人员提出一种基于模糊控制策略的断电时间确定方法，以断电后的速度变化为输入，以累计功率值为输出，建立模糊控制器，通过对输出变量和累计功率值的实时辨识修正断电时间，试验结果表明，在不降低原油产量的情况下该装置的节能率可达 15%。

3. 软启动及调压节能

为解决抽油机的低效抽取问题，可以采用降低抽油机电动机励磁电压的方法来提高电动机的功率因数和效率，达到节能的目的。

1）电动机定子绕组 Y/△ 转换降压节能

电动机带载运行时往往采用△接法，这是由于电动机的转矩与电压的平方成正比，而抽油机负荷近似以正弦规律变化，负荷瞬时值之间差距较大，因而在周期循环工作中电动机会经常处于轻载工况。电动机定子绕组 Y/△ 的转换通过增设交流接触器来达到控制目的，其切换条件在于负载率的大小。通常，Y 接法与△接法切换临界值取 33%。但为了保证转换及时，在转换点的负载率之间设置一定的回差，当负载率为 35% 时，电动机进行 Y→△ 转换，这样电动机的绕组电压由 380 V 降为 220 V，使功率因数和效率都得到提升，当控制器检测到负载率大于 40% 时，△接法改为 Y 接法运行，保证抽油机的出力，防止由于电流过大烧毁电动机。有研究人员对这种降压节能方法进行了补充，为满足部分工况大转矩启动的要求，抽油机的启动需要用到 Y 接法。而进入正常工作后，将每组定子绕组分成两部分并接成△形状，以降低相电压与输入功率。

2）晶闸管相控与调压节电软启动（可控硅调压）

可控硅调压一般称为电动机的软启动，其原理是通过单片机调整电动机定子电路中晶闸管的触发角，从而动态地调整电动机的端电压，使抽油机的工作能力与实际负荷相匹配，并根据上下冲程形成的负荷变化及时调整电压，最大限度地达到节能降耗的目的。有研究人员研制了以单片机为核心的可控硅移相触发控制的低成本抽油机控制系统，通过 D/A 转换器的输出电压控制可控硅模块的移相触发相位，实现电动机的软启动、软停机，调整电动机的输出功率，减少电动机的铁损和铜损，达到节能降耗的目的（节能率可达 9.8%）。还有研究人员对晶闸管相控的节能原理进行分析，认为可控硅调压方法不改变频率，仅降低定子绕组端电压，使得电动机主磁通下降。由电工学原理可知，此时异步电动机的铁耗呈下降态势，励磁电流减少，端电压降低，转差率上升，因而转子电流与转子铜耗均增大。定子电流大小为励磁电流与转子电流乘积的平方根。定子端电压下降初期，励磁电流下降程度大于转子电流上升程度，定子电流与定子铜耗减少；定子端电压下降一定程度后，励磁电流下降程度小于转子电流上升程度，定子电流与定子铜耗增加。当电压的降低程度大于功率因数与转差率的上升程度时，才可提高电动机的效率，达到节能的目的。

3）液态电阻软启动

液态电阻软启动不同于前两种调压方法，电解液变阻器由3个互相绝缘的电液箱构成，并分别置有电液与一组对应的导电极板（导电极板一动、一定）。液态电阻依靠电解质中正、负离子移动形成电流，载流子数量受电解质浓度的直接影响。由伺服控制系统驱动导电动极板即可有级调整液态电阻的阻值。液态电阻串联于定子，启动过程中可降低启动电流，但会相应减小启动力矩的大小。

4. 无功就地补偿

电动机通电时消耗的功率可分为有功和无功两种，有功功率的作用是驱动负载，无功功率的作用是形成交变磁场从而实现励磁作用。无功补偿旨在减少电动机对无功功率的需求，基本原理是将容性负载与感性负载并联于同一系统，容性负载存储无功功率供给感性负载，提高功率因数，降低电耗。在电动机的实际无功补偿过程中，对电动机并联适当电容值的电容，补偿启动时的无功功率。由于无功补偿在电动机启动过程中未改变定子端的电压与启动转矩，被称为无功就地补偿。抽油机工作过程中载荷变化频繁，很难选择自动投切的电容器组进行补偿。根据电动机容量及平均负载率，选择适当电容值的自愈式电容器，自愈式电容器在电介质局部击穿时其绝缘具有自动恢复性能，不影响电容器的正常运行，但需要对电容器进行定时检查与更新。就地分散补偿是指对每台抽油机电动机定子端并联电容器，集中补偿方式指对多台抽油机的供给侧即变压器的低压侧或高压侧安装多组电容器。就地分散补偿的电容器置于室外，容易失窃或导致寿命受损，因而更换较频繁；集中补偿削弱了抽油机群间相互作用的发电现象，有利于对电容器进行集中保护，较就地分散补偿实用性更强。

5. 智能变频控制

对一些高寒地区，间抽会使井口结蜡、结盐或结油，导致油井无法开启。在不允许抽油机间歇工作的情况下，可采用变频调速技术降低电动机转速，减少抽取频次可以减小电动机功率，提高泵的充满度，增加原油产量。适当降低下冲程的速度可以提高原油在泵内的充满度，适当提高上行程的速度可减少在提升中的漏失系数。智能变频控制技术可动态调整电动机转速与抽油杆冲速，实现软启动，提高电动机的功率因数。也可通过无极调速改善因井液充满度的降低而导致的抽油机效率偏低的现像。目前，抽油机多采用二极管整流＋PWM 逆变组成的通用变频器。但该控制方法易产生谐波污染，且没有解决抽油杆下冲程发电的能量回收问题。基于此，出现了双 PWM 变频器技术，该技术由 PWM 整流器与 PWM 逆变器组成，其输入电流接近正弦，谐波很小，THDi 在 5％以内；能量可双向流动，且可将再生能量回馈电网，真正提高了电动机的功率因数与效率。

1.2 抽油机采油系统的工作原理

1.2.1 井下部分

抽油机采油系统井下部分主要为泵总成，由泵筒、衬套、柱塞、游动阀（游动凡尔）和固定阀（固定凡尔）等组成，如图 1－32 所示。采油时，抽油杆带动柱塞做往复直线运动。上冲程时，柱塞向上运动。此时，柱塞和固定阀之间的压力下降，导致环空内液柱的压力（沉没压力）与柱塞下方泵筒内的压力产生压差，将井底的固定阀打开。当油井中液体被吸入泵筒内，泵筒被井中液体充满时，随着柱塞的上升，油管内的液体升至井口，靠近井口的一部分被排出。可见上冲程是抽油泵吸入液体，井口排出液体的过程。泵内压力小于沉没压力是抽油泵吸入液体的必要条件。

下冲程时，柱塞和抽油杆柱靠自重向下运动。柱塞和固定阀之间压力增大，固定阀受到压力而关闭。抽油泵内压力随着柱塞的向下运动而增大，当泵内压力大于柱塞之上油液的压力时，柱塞上方的游动阀被顶开，油液由游动阀进入柱塞上部，抽油泵中的油液被排到油管。下冲程为抽油泵向油管内排液的过程，在这个过程中，光杆向下进入油管，占据一定体积，油管中的液体经由井口排出，排出液体的体积近似等于光杆进入油管的体积。泵内压力大于柱塞之上液体压力是抽油泵排出液体的必要条件。

一个完整的冲程为抽油泵柱塞上、下往复运动一次的过程，包括泵的进油与排油两个过程。光杆冲程为光杆从上死点到下死点的距离。柱塞每分钟完成冲程的次数为冲次，抽油泵的固定阀与油管内动液面之间的相对高度称为沉没度，抽油泵吸入口处的压力称为沉没压力。

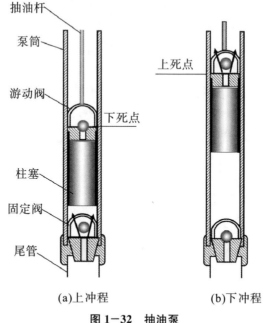

(a)上冲程   (b)下冲程

图1-32　抽油泵

1.2.2　地面系统

电动机将其高速旋转运动传递给减速箱的输入轴，经中间轴后带动输出轴，输出轴带动曲柄做低速旋转运动。曲柄通过连杆经横梁拉着游梁后臂（或前臂）摆动（或者连杆直接拉着游梁后臂），游梁的前端装有驴头，活塞以上液柱及抽油杆柱等载荷均通过悬绳器悬挂在驴头上。驴头随同游梁一起上下摆动，游梁、驴头便带动活塞做上下、垂直的往复运动，将油液抽出至地面。

1.2.2.1　抽油机四连杆机构的循环特性

游梁式抽油机是以游梁支点和曲柄轴中心的连线作为固定杆或基杆（也称为机架），以曲柄、连杆和游梁后臂为三个活动杆件构成的曲柄摇杆机构（图1-33）。目前，国内外使用的游梁式抽油机四连杆机构的循环主要有对称循环、非对称循环和近似对称循环三种类型。

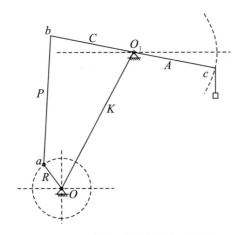

图 1−33　抽油机曲柄摇杆机构简图

1. 对称循环型四连杆机构

图 1−34 为对称循环型四连杆机构运动简图，其由曲柄（R）、连杆（P）、游梁后臂（C）、基杆（K）及前臂（A）组成。当游梁处于两极限位置时，曲柄与连杆两次共线，并分别对应悬点的上、下死点。显然，悬点上、下冲程所对应的曲柄转角相等，均为 $180°$，当曲柄匀速转动时，悬点上、下即上、下冲程悬点的平均速度相等。

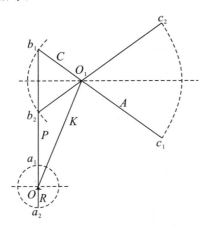

图 1−34　对称循环型四连杆机构运动简图

在实际应用中，采用对称循环型四连杆机构的抽油机并不多，这是因为游梁式抽油机对对称循环的要求并不很严格，加之部分结构尺寸的限制，游梁式抽油机的四连杆机构一般为近似对称循环型。

2. 非对称循环型四连杆机构

图1-35为非对称循环型四连杆机构运动简图。当游梁处于上、下死点两极限位置时，曲柄与连杆的两次重和线（共线）之间的夹角不为0°，所夹的锐角（λ）称为四连杆机构的极位夹角。显然，悬点上、下冲程所对应的曲柄转角分别为

$$\theta_u = \pi + \lambda, \theta_d = \pi - \lambda \qquad (1-7)$$

设曲柄匀速转动的角速度为 ω ，则悬点上、下冲程所需时间分别为

$$t_u = \frac{\pi + \lambda}{\omega}, t_d = \frac{\pi - \lambda}{\omega} \qquad (1-8)$$

设悬点冲程长度为 S ，则悬点上、下冲程的平均速度分别为

$$v_u = \frac{S \cdot \omega}{\pi + \lambda}, v_d = \frac{S \cdot \omega}{\pi - \lambda} \qquad (1-9)$$

由此可见，当曲柄匀速转动时，悬点上、下冲程的平均速度不等，悬点下冲程时的平均速度大于上冲程时的平均速度。

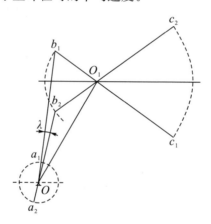

图1-35 非对称循环型四连杆机构运动简图

3. 近似对称循环型四连杆机构

在使用近似对称循环型四连杆机构的抽油机中，一般来说 $\lambda <$ （3～5）°。石油矿场广泛应用的常规型游梁式抽油机多属于这类抽油机。

1.2.2.2 悬点运动分析

当悬点以下死点为位移零点时，规定向上为位移、速度和加速度的正方向，则任意时刻悬点位移、速度和加速度近似为

$$s_c = \frac{A}{C}R(1 - \cos\theta), v_c = \frac{A}{C}R\omega\sin\theta, a_c = \frac{A}{C}R\omega^2\cos\theta \quad (1-10)$$

式中：s_c、v_c、a_c——分别为悬点位移（m）、速度（m/s）和加速度（m/s²）；

　　　　A、C、R——分别为游梁前臂长度（m）、后臂长度（m）和曲柄半径（m）；

　　　　θ、ω——曲柄转角（°）、曲柄旋转角速度（rad/s）。

也可根据抽油机的结构尺寸，计算得到悬点位移、速度和加速度的实际值或精确值。

悬点位移、速度和加速度随曲柄转角（相当于时间）的变化曲线如图 1-36 所示。

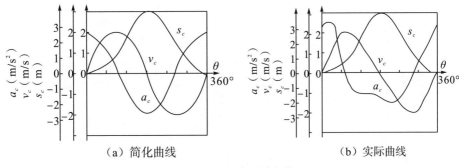

（a）简化曲线　　　　　　　（b）实际曲线

图 1-36　悬点运动规律

由图 1-36 可以看出，驴头悬点的速度近似按正弦规律变化，驴头悬点的加速度近似按余弦规律变化。抽油机一个工作循环中，悬点的速度和加速度不仅大小在变化，而且方向也在变化。上冲程的前半冲程为加速运动，加速度为正（加速度方向与运动方向都向上）；后半冲程为减速运动（加速度方向与运动方向相反）。下冲程时运动方向改变，前半冲程仍加速运动（加速度与运动方向相同，都向下），后半冲程仍减速运动（加速度与运动速度方向相反）。在上、下死点处悬点加速度的值最大。

1.2.2.3　悬点载荷分析

悬点载荷计算的有关符号和单位见表 1-6。

表 1-6　悬点载荷计算的有关符号和单位

序号	符号	名　称	单　位
1	P_r	抽油杆柱自重	N
2	L	抽油杆柱长度	m
3	f_r	抽油杆杆体横截面积	m²

序号	符号	名　称	单　位
4	ρ_r	抽油杆材料的密度	kg/m³
5	g	重力加速度（通常取 9.81 m/s²）	m/s²
6	P_{rf}	杆柱所受井中液体的浮力	N
7	ρ_l	采出液（井液）的密度	kg/m³
8	p_o	井口油管压力	Pa
9	P_1	柱塞上承受的油管中液体的压力	N
10	F	泵柱塞横截面积	m²
11	P_p	油井中液体对柱塞底部的压力	N
12	p_s	抽油泵的沉没压力即抽油泵吸入口压力	Pa
13	p_t	井口套管压力	Pa
14	h_s	泵的沉没度	m
15	h_d	油井动液面深度	m
16	F_1	油管过流断面面积	m²
17	F_2	油管断面面积	m²
18	E	钢材的弹性模数	Pa
19	f_t	油管管壁的断面积，$f_t = F_2 - F_1$	m²

抽油机悬点载荷由下列各项组成，规定向下为载荷的正方向。

（1）抽油杆柱自重。设抽油杆柱为单级杆（非阶梯杆）。忽略抽油杆接箍的质量，抽油杆柱自重为

$$P_r = L \cdot f_r \cdot \rho_r \cdot g \qquad (1-11)$$

（2）杆柱所受井中液体的浮力为

$$P_{rf} = -(L \cdot \rho_l \cdot g + p_o) \cdot f_r \qquad (1-12)$$

（2）柱塞上承受的油管中液体的压力为

$$P_1 = (L \cdot \rho_l \cdot g + p_o) \cdot F \qquad (1-13)$$

（4）油井中液体对柱塞底部的压力为

$$P_p = -p_s \cdot F \qquad (1-14)$$

其中

$$p_s = p_t + h_s \cdot \rho_l \cdot g \qquad (1-15)$$

（5）抽油杆柱和液柱运动产生的惯性载荷，相应地用 P_{ri} 和 P_{li} 表示，其

大小与悬点的加速度成正比，作用方向与加速度方向相反。

（6）抽油杆柱和液柱运动产生的振动载荷，用 P_v 表示，P_v 的大小和方向都是变化的。

（7）柱塞和泵筒间、抽油杆接箍和油管间的半干摩擦力，用 P_{fd} 表示。还有抽油杆柱和液柱间，液柱和油管间以及油流通过抽油泵游动阀的液体摩擦力，用 P_{fl} 表示。P_{fd} 和 P_{fl} 的作用方向和抽油杆的运动方向相反。

上述（1）、（2）、（3）、（4）项载荷和抽油杆的运动无关，称为静载荷。（5）、（6）项载荷和抽油杆的运动有关，称为动载荷。第（7）项的载荷也和抽油杆的运动有关，但是在直井、油管结蜡少和井中液体黏度不高情况下，它们在总作用载荷中占的比重很小，有时甚至可忽略不计。下面分析上述载荷的变化规律。

1. 悬点静载荷的大小和变化规律

分别对上冲程、下冲程、下死点和上死点 4 种情况进行分析。

1）上冲程

上冲程时，固定阀打开，游动阀关闭，悬点的静载荷 P_{ss_up} 为

$$P_{ss\_up} = P_r + P_{rf} + P_1 + P_p$$
$$= L \cdot (\rho_r - \rho_1) \cdot g \cdot f_r + L \cdot \rho_1 \cdot g \cdot F + (p_o - p_s) \cdot F - p_o \cdot f_r \tag{1-16}$$

抽油杆柱底端载荷 P_{rb_up} 为

$$P_{rb\_up} = P_1 + P_{rf} + P_p = L \cdot \rho_1 \cdot g \cdot F + (p_o - p_s) \cdot F - (L \cdot \rho_1 \cdot g + p_o) \cdot f_r \tag{1-17}$$

油管柱底端载荷 P_{tub_up} 为

$$P_{tub\_up} = (L \cdot \rho_1 \cdot g + p_o) \cdot (F_1 - F) - p_s \cdot (F_2 - F)$$
$$= (L \cdot \rho_1 \cdot g + p_o) \cdot F_1 - L \cdot \rho_1 \cdot g \cdot F - p_s \cdot F_2 + (p_s - p_o) \cdot F \tag{1-18}$$

2）下冲程

下冲程时，固定阀关闭，游动阀打开。悬点的静载荷 P_{ss_down} 为

$$P_{ss\_down} = P_r + P_{rf} = L \cdot (\rho_r - \rho_1) \cdot g \cdot f_r - p_o \cdot f_r \tag{1-19}$$

抽油杆柱底端的静载荷 P_{rb_down} 为

$$P_{rb\_down} = -(L \cdot \rho_1 \cdot g + p_o) \cdot f_r \tag{1-20}$$

油管底端的静载荷 P_{tub_down} 为

$$P_{tub\_down} = F_1 \cdot (L \cdot \rho_1 \cdot g + p_o) - F_2 \cdot p_s \tag{1-21}$$

3）下死点（从下冲程到上冲程的转折点）

这时，对抽油杆柱或油管来说，底端的载荷都发生了变化。

（1）对抽油杆柱来说，杆柱底端的载荷由下冲程的 P_{rb_down} 变到上冲程的 P_{rb_up}，抽油杆受力伸长，载荷的变化值为

$$P_{\Delta} = P_{rb\_up} - P_{rb\_down} = [L \cdot \rho_1 \cdot g + (p_o - p_s)] \cdot F \quad (1-22)$$

伸长的大小 λ_r 可用下式表示：

$$\lambda_r = \frac{P_{\Delta} \cdot L}{E \cdot f_r} \quad (1-23)$$

（2）对油管来说，其底端的受力发生了变化，由下冲程时的 P_{tub_down} 变化到上冲程时的 P_{tub_up}，载荷的变化值为

$$P_{tub\_up} - P_{tub\_down} = -[L \cdot \rho_1 \cdot g + (p_o - p_s)] \cdot F = -P_{\Delta} \quad (1-24)$$

载荷的变化将会引起油管的缩短，缩短的大小 λ_t 用下式表示：

$$\lambda_t = \frac{P_{\Delta} \cdot L}{E \cdot f_t} \quad (1-25)$$

（3）对于悬点，其静载荷由 P_{ss_down} 变化到 P_{ss_up}，增加了 P_{Δ}。抽油杆柱和油管的变形情况如图 1-37 所示。

图 1-37（a）为悬点位于下死点的情况。从此时开始，悬点开始上冲程，由于抽油杆底端加载 P_{Δ} 的结果，杆柱伸长，在受载伸长的过程中，当悬点往上走完距离 λ_r 前，由于同时产生的抽油杆柱伸长的结果，使柱塞还停留在原来的位置，即柱塞与泵筒之间没有相对运动，因而泵不吸油。直到加载完毕，柱塞才开始向上运动，此时悬点已向上运动了 λ_r，如图 1-37（b）所示。在抽油杆加载的同时，油管要卸载 P_{Δ}，由于卸载，油管会缩短，使得油管的底端也向上运动，在这个过程中，虽然抽油杆底端带动柱塞向上运动，但由于油管缩短，油管底端带动泵筒也向上运动，柱塞和泵筒没有相对运动，泵还是不吸液，直到油管也缩短完毕，柱塞和泵筒才有相对运动，如图 1-37（c）所示，泵才开始吸液（此时悬点已向上运动了 $\lambda_r + \lambda_t$），直到悬点运动到上死点为止。这样，悬点从下死点到上死点虽然运动了冲程长度 S，但是由于抽油杆柱和油管的静变形结果，使抽油泵柱塞的有效长度 S_e（即泵筒所吸液柱的高度）要比悬点冲程 S 小：$S_e = S - \lambda$，$\lambda = \lambda_r + \lambda_t$，如图 1-37（d）所示。

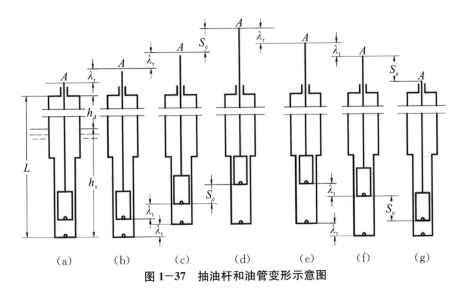

图 1−37　抽油杆和油管变形示意图

4) 上死点（从上冲程到下冲程的转折点）

这时，对抽油杆柱或油管来说，底端的载荷都发生了变化。

(1) 对抽油杆柱来说，杆柱底端的载荷由上冲程的 $P_{\text{rb\_up}}$ 变到下冲程的 $P_{\text{rb\_down}}$，载荷的变化值为：$P_{\text{rb\_down}} - P_{\text{rb\_up}} = -P_\Delta$。抽油杆因底端卸载而缩短，缩短量为 λ_{r}。

(2) 对油管来说，底端的受力也发生了变化，由上冲程时的 $P_{\text{tub\_up}}$ 变化到下冲程时的 $P_{\text{tub\_down}}$，载荷的变化值为：$P_{\text{tub\_down}} - P_{\text{tub\_up}} = P_\Delta$。载荷的变化将引起油管的伸长，伸长量为 λ_{t}。

(3) 对于悬点，其静载荷由 $P_{\text{ss\_up}}$ 减小到 $P_{\text{ss\_down}}$，减小了 P_Δ。

从上死点开始，悬点开始下冲程，由于抽油杆底端卸去 P_Δ 的结果，杆柱缩短 λ_{r}，在卸载缩短的过程中，当悬点向下走完距离 λ_{r} 前，由于同时产生的抽油杆柱缩短的结果，使柱塞还停留在原来位置，即柱塞与泵筒之间没有相对运动，因而泵不排液。直到加载完毕，柱塞才开始向下运动，此时悬点已向下运动了 λ_{r}，如图 1−37 (e) 所示。在抽油杆卸载的同时，油管柱要加载 P_Δ，由于加载，油管会伸长，使得油管的底端也向下运动，在这个过程中，虽然抽油杆底端带动柱塞向下运动，但由于油管伸长，油管底端带动泵筒也向下运动，柱塞和泵筒没有相对运动，泵还是不排液，直到油管也伸长完毕，柱塞和泵筒才有相对运动，泵才开始排液，如图 1−37 (f) 所示，此时悬点已向下运动了 $\lambda = \lambda_{\text{r}} + \lambda_{\text{t}}$，直到悬点运动到下死点为止。因此，泵所排液柱的高度是 $S_{\text{e}} = S - (\lambda_{\text{r}} + \lambda_{\text{t}})$，如图 1−37 (g) 所示，这样，悬点从上死点到下死点虽

然运动了冲程长度 S ，但是由于抽油杆柱和油管的静变形结果，使抽油泵柱塞的有效长度 S_e 要比悬点冲程 S 小 λ 。因此，下冲程泵的排液量等于上冲程时泵的吸液量，即上冲程泵吸多少液，下冲程泵就排多少液。

下死点时，悬点载荷要从 P_{ss_down} 变为 P_{ss_up} ，增加 P_Δ ，由于杆管的静变形，悬点不能瞬时加载，当杆管变形结束时，悬点才完成加载。上死点时，悬点载荷要从 P_{ss_up} 变为 P_{ss_down} ，减小 P_Δ ，同样由于杆管的静变形，悬点不能瞬时卸载，当杆管变形结束时，悬点才完成卸载。

把上、下冲程中悬点静载荷随其位移的变化规律用图形来表示，这种图形称为静力示功图，如图 1-38 所示。图中斜线 AB 表示悬点上冲程开始后悬点的加载过程。线段 EB 相当于柱塞和泵筒发生相对运动前悬点上行的距离，即 $EB = \lambda$ 。当悬点加载完毕后，静载荷不再变化而变成水平线 BC ，到达上死点 C 为止。线段 CD 表示悬点的卸载过程。卸载完毕后，悬点又以一个不变的静载荷向下运动，成为水平线 DA 而回到下死点 A 。由图 1-38 可知，在上、下冲程内，悬点静载荷随悬点位移的变化规律是一个平行四边形 $ABCD$ 。

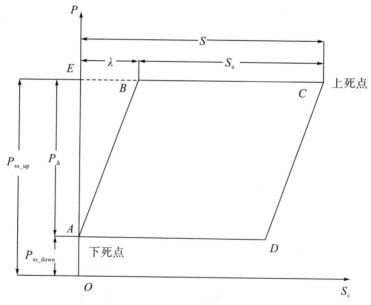

图 1-38 静力示功图

2. 悬点动载荷的大小和变化规律

在油井较深，抽油机冲程、冲次较大的情况下，必须考虑到动载荷的影响。动载荷由惯性载荷、振动载荷和摩擦载荷三部分组成。

1) 惯性载荷

惯性载荷包括抽油杆柱和液柱运动产生的惯性载荷两部分，即 P_{ri} 和 P_{li}。如果忽略抽油杆柱和液柱的弹性影响，则可以认为抽油杆柱和液柱各点的运动规律和悬点完全一致。所以，P_{ri} 和 P_{li} 的大小和悬点加速度 a 大小成正比，而作用方向和加速度方向相反，用下式表示：

$$P_{ri} = f_r \cdot L \cdot \rho_r \cdot a, \; P_{li} = (F - f_r) \cdot L \cdot \rho_l \cdot a \qquad (1-26)$$

上冲程时，抽油杆柱、活塞带着液柱向上运动，所以上冲程的惯性载荷为

$$\begin{aligned} P_{i\_up} &= P_{li} + P_{ri} = (F \cdot L - f_r \cdot L) \cdot \rho_l \cdot a + f_r \cdot L \cdot \rho_r \cdot a \\ &= L \cdot [F \cdot \rho_l + f_r \cdot (\rho_r - \rho_l)] \cdot a \end{aligned} \qquad (1-27)$$

下冲程时，柱塞不带液柱运动，所以下冲程的惯性载荷为

$$P_{i\_down} = P_{ri} = f_r \cdot L \cdot \rho_r \cdot a \qquad (1-28)$$

惯性载荷的变化规律和悬点加速度的变化规律相同，但方向和后者相反。在上冲程前半段，加速度向上，惯性载荷向下。而到上冲程后半段，加速度向下，惯性载荷变为向上。下冲程情况正好相反。在考虑惯性载荷后，得到上、下冲程悬点载荷的计算式。

上冲程悬点载荷：

$$P_{ss\_up\_i} = P_{ss\_up} + P_{i\_up} \qquad (1-29)$$

下冲程悬点载荷：

$$P_{s\_down\_i} = P_{ss\_down} + P_{i\_down} \qquad (1-30)$$

考虑了惯性载荷作用，示功图就由平行四边形 $ABCD$（静力示功图）变成扭歪的四边形 $A'B'C'D'$，被称为动力示功图，如图 1-39 所示。

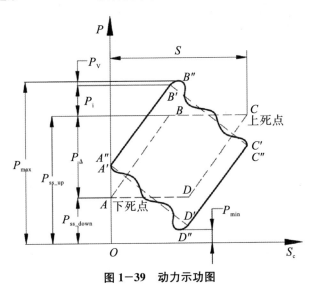

图 1-39 动力示功图

2）振动载荷

抽油杆柱又细又长，弹性很大，很像一根长弹簧。在长弹簧下端突然加一个重物或突然拿去一个重物，就会产生振动。抽油杆柱也一样，当悬点开始向上时，在抽油杆柱和油管静变形期内，液柱重量逐渐加到柱塞和抽油杆柱上，这时柱塞和泵筒没有相对移动，所以抽油杆柱不会产生振动。而当静变形终了一瞬间，悬点已经以一定速度运动，这时，抽油杆柱和柱塞突然带动液柱运动，抽油杆柱产生一次振动。当悬点开始向下运动时，在静变形结束后，柱塞和抽油杆柱上突然卸去液柱重量，又发生一次振动。就这样一上一下循环一次发生两次振动。考虑到振动载荷的影响，悬点载荷变化示功图如图 1−39 所示的 $A''B''C''D''$。

3）摩擦载荷

定性分析表明，摩擦力增加了上冲程时悬点的最大载荷，减少了下冲程时悬点的最小载荷，加大了载荷的变化幅度与不平衡性，扩大了示功图面积，这不但给抽油机的工作带来了不利影响，而且使电动机功率消耗大大增加。对于低黏度井液的油井，液体摩擦力（抽油杆柱和液柱间，液柱和油管间，油流通过泵游动阀的摩擦力均为液体摩擦力）的数值小，只有 100～200 N（10～20 kgf），可以忽略不计。但是，当油井中原油的黏度很大，为 0.1～10 Pa·s（100～10000 cp）时，抽油杆柱和液柱间或液柱和油管间的液体摩擦力有时可达 10000～20000 N（1000～2000 kgf），对悬点载荷影响很大。

1.2.3 井口装置

抽油机井口装置主要由套管四通、抽油三通和盘根盒（光杆密封器）组成，如图 1−40 所示。

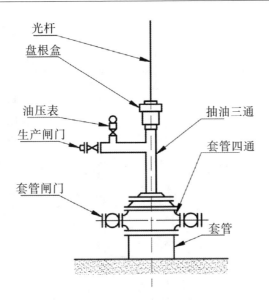

光杆

盘根盒

油压表

生产闸门

套管闸门

抽油三通

套管四通

套管

图 1—40　抽油机井口装置

　　套管四通也称套管头，抽油三通也称油管头套管头。是连接套管和各种井口装置的一种部件，作用是支持技术套管和油层套管的质量，密封各层套管间的环形空间，为安装防喷器、油管头和采油树等上部井口装置提供过渡连接。油管头安装于盘根盒和套管头之间，作用是悬挂井内油管柱，密封油管和油层套管间的环形空间。

　　光杆密封器主要由上部的密封盒（盘根盒）和下部的胶皮闸门组成，如图 1—41 所示。正常抽油时，起密封井口和防喷的作用；更换密封圈时，起临时密封井口的作用。

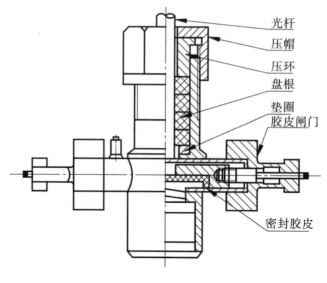

光杆
压帽
压环
盘根
垫圈
胶皮闸门

密封胶皮

图1-41 光杆密封器

1.3 抽油机采油系统能耗分析

1.3.1 能耗因素分析

按消耗能量的要素分析，抽油机系统可分成电动机及电气控制装置、四连杆机构、载荷平衡装置和传动组件四个子系统。提高这些子系统的效率就是寻找节能途径的"突破口"，不同节能机理的产生也源于此。

1.3.1.1 电动机损失

在抽油机运行过程中，抽油杆悬点载荷、曲柄轴扭矩、电动机轴扭矩发生周期性变化。通过曲柄、连杆、游梁等运动部件传递后的等效平均负载率仅在30%左右，而异步电动机运行后负载率在60%～100%的范围内才能达到高效区间。电动机在一个冲程过程中大多时间是轻载甚至负载状态运行，造成较大能量损失。

1.3.1.2 地面设备机械传动损失

地面设备机械传动损失包括带传动损失、减速箱损失、换向（四杆机构）损失。经验证，抽油机普遍使用的窄V形带组的传动效率最高可达98%；常用的二级减速箱总机械传动效率为 90% 左右，若润滑维护良好，功率损失基本稳定；游梁式抽油机的四连杆机构传动效率约为 95%。由此可见，机械传动系统效率并没有太多的提升空间。在一般工程应用中，游梁式抽油机的传动效率常取 90%。

1.3.1.3 盘根盒损失

盘根盒是用于密封油管与光杆环形空间的井口动密封装置，其功率损失主要是因为光杆与盘根间的摩擦。由于盘根盒需要接触密封，密封件与被密封面间将产生摩擦力。在抽油机准确安装且维护正常的情况下，盘根盒能量损失很小。

1.3.1.4 抽油杆损失

抽油杆在上冲程与下冲程工作过程中分别与油管、井液产生摩擦，造成功率损失。井筒斜度与弯曲度影响抽油杆与油管间摩擦，下泵深度、原油黏度影响抽油杆与井液液柱间摩擦。在设备规范安装的情况下，抽油杆损失因气候条件、原油含量等客观因素而异，很难人为改进。

1.3.1.5 抽油泵、油管柱损失

抽油泵和油管柱损失主要为容积损失与水力损失。容积损失多为井下各配件密封不良及泵阀关闭不完整造成的功率损失，采用大泵径、长冲程、低冲次，减少柱塞与泵筒或衬套间的井液漏失可直接降低容积损失。此外，为提高泵效，可以用间抽的方法使泵汲液量充足。水力功率损失是原油流经泵阀时由于水力阻力所引起的功率损失。采用水力损失小、开关性能好的阀座与阀球可以有效减少水力功率损失。

到目前为止，游梁式抽油机采油方式仍然存在能耗大、效率偏低、系统配置不合理等问题，在一定程度上影响着油田开采效率及经济利益。在油井环境不变时，抽油机采油系统能耗主要受管理水平、设计水平和技术装备水平的影响。

管理水平的高低是决定抽油机采油系统经济运行的重要因素之一。如井口密封盘根的上紧情况、驴头与井口的对中情况、抽油机的平衡及皮带轮松紧程度等，都会影响整个系统的能耗分配，进而影响抽油机采油系统的效率。

增加抽油机采油系统效率的重要方式是系统优化设计。在油井条件一定时，对抽油机采油系统进行抽汲参数的优化设计，将会显著提升生产效率。

技术装备水平也是决定抽油机采油系统效率的主要因素。若想从根本上解决抽油机采油系统能耗高的问题，需要换用更先进且节能的技术装备，如节能型抽油机、节能拖动装置、高滑差电动机、效率较高的抽油泵及配套设备等。

尽管已有国内外学者对抽油机采油系统优化配置的问题进行了研究，但目前抽油机采油系统能耗依然不低，主要原因是缺少先进的技术设备、抽油生产系统的设计水平以及油井管理水平较低等。因此，开展抽油机采油系统节能降耗措施优化研究，开发一套完整的节能措施计算分析方法，以能耗小和成本低为目标构建抽油机采油系统节能措施多目标组合优化数学模型，并且根据模型的结构特点确定合理的评价函数以及相对应的优化求解方法，从而实现抽油机采油系统投入产出最佳的优化目标有重要的意义。

1.3.2　能耗计算方法

抽油机工作时，需将地面电能输送到井下液体，从而实现对井下液体进行举升。当系统工作时，系统能量需要不断进行转化，在转化的过程中，一部分能量就会损失掉，剩下的能量即为有效能量，又被称为输出能量。抽油机采油系统的有效能量与系统总输入能量之比即为系统效率。抽油机采油系统能量损失包括地上损失及地下损失两部分：地上损失主要以电动机产生的功率损失以及传动时的机械损失为主，井下损失主要以抽油杆的机械摩擦、变形等损失为主。

根据抽油机采油系统的特点，可将系统效率分为地面效率和井下效率两部分。系统效率的计算如下：

$$\eta = \eta_g \cdot \eta_s = \frac{P_{gr}}{P_{in}} \cdot \frac{P_h}{P_{gr}} \qquad (1-31)$$

式中：η——系统效率；

　　　η_g——地面效率；

　　　η_s——井下效率；

　　　P_{gr}——光杆提升液体所消耗的功率，kW；

　　　P_h——将井下液体提升到地面所需要的功率，kW；

　　　P_{in}——电动机的输入功率，kW。

地面上能引起能量损失的主要有电动机、皮带、四连杆机构、减速箱等，地面效率的计算如下：

$$\eta_g = \eta_m \cdot \eta_l \cdot \eta_b \cdot \eta_e \qquad (1-32)$$

式中：η_m——电动机效率；

η_l ——四连杆机构效率；

η_b ——皮带传动效率；

η_e ——减速箱效率。

为更好地研究地面上设备的能量损失情况，可将皮带与减速箱合并计算，用 η_{be} 表示其效率，则地面效率为

$$\eta_g = \frac{P_{gr}}{P_{in}} = \eta_m \cdot \eta_{be} \cdot \eta_l \qquad (1-33)$$

考虑到电动机受载荷时能量的逆转情况，式（1-33）可引入载荷系数 K，于是得

$$\eta_g = \frac{P_{gr}}{P_{in}} = K \cdot \eta_m \cdot \eta_{be} \cdot \eta_l \qquad (1-34)$$

式中：K ——抽油机载荷系数，代表电动机能量逆转时的一个影响因子。

抽油机地下部分能引起能量损失的主要是抽油泵、抽油杆及管柱，于是得到井下效率为

$$\eta_s = \eta_r \cdot \eta_p \cdot \eta_z \qquad (1-35)$$

式中：η_r ——抽油杆柱效率；

η_p ——抽油泵效率；

η_z ——油管柱效率。

1.3.2.1 电动机视在功率

电动机视在功率包括有功功率和无功功率两部分，它们可以分别用对应的电度表进行测量，其中有功功率的计算如下：

$$P_{in} = \frac{3600 n_p \cdot K_U \cdot K_i}{n_{pe} \cdot t} \qquad (1-36)$$

式中：P_{in} ——电动机的输入功率，kW；

n_p ——有功电能表所转的圈数，r；

K_U ——电压互感器的变比；

K_i ——电流互感器的变比；

n_{pe} ——有功电能表耗电为 1 kW·h 时所转的圈数，r/(kW·h)；

t ——有功电能表转动 n_p 所用时间，s。

电动机的输出功率计算公式为

$$P_2 = \frac{M_m \cdot n_m}{9550} \qquad (1-37)$$

式中：P_2 ——电动机的输出功率，kW；

M_m——电动机轴的扭矩，N·m;

n_m——电动机轴的转速，r/min。

1.3.2.2 减速箱功率

减速箱的平均输出功率为

$$P_3 = \frac{M_e \cdot n_e}{9550} \qquad (1-38)$$

式中：P_3——减速箱的平均输出功率，kW;

M_e——减速箱输出轴的扭矩，N·m;

n_e——减速箱输出轴的转速，r/min。

1.3.2.3 光杆功率

光杆功率的计算如下：

$$P_4 = \frac{A}{60 \times 1000} \cdot p \cdot q \cdot n \qquad (1-39)$$

式中：P_4——光杆功率，kW;

A——示功图面积，mm^2;

p——示功仪力比，N/mm;

q——示功仪减程比，m/mm;

n——抽油机冲次，次/min。

1.3.2.4 抽油泵功率

抽油泵的有效功率或输出功率计算如下：

$$P_7 = \frac{Q' \cdot H' \cdot \rho \cdot g}{86400000} \qquad (1-40)$$

式中：P_7——抽油泵的输出功率，kW;

Q'——抽油泵的排液量，m^3/d;

H'——抽油泵的有效扬程，m;

ρ——井下液体的密度，kg/m^3;

g——重力加速度，9.8 m/s^2。

其中

$$H' = \frac{p_d - p_s}{\rho \cdot g} + h \qquad (1-41)$$

式中：p_d——抽油泵排出口压力，Pa;

p_s——抽油泵吸入口压力，Pa；

h——抽油泵的长度，m；

ρ——井下液体的密度，kg/m³；

g——重力加速度，9.8 m/s²。

1.3.2.5 系统输出功率

系统输出功率（有些文献也称抽油杆柱的有效功率）的计算如下：

$$P_{out} = \frac{Q \cdot H \cdot \rho \cdot g}{86400000} \qquad (1-42)$$

式中：P_{out}——系统输出功率，kW；

Q——油井产液量，m³/d；

H——系统的有效扬程，m；

ρ——井下液体的密度，kg/m³；

g——重力加速度，9.8 m/s²。

其中

$$H = h_d + \frac{p_o - p_t}{\rho \cdot g} \qquad (1-43)$$

式中：h_d——油井动液面深度，m；

p_o——井口油管压力，Pa；

p_t——井口套管压力，Pa；

ρ——井下液体的密度，kg/m³；

g——重力加速度，9.8 m/s²。

1.3.3 能耗改进措施

遵循可独立改造的原则，依现场实际情况，整个抽油机采油系统可分为四个部分，即变压器—控制箱—电动机部分、抽油机部分、抽油杆部分及抽油泵部分。在日常生产过程中，由于受外界环境影响较大，抽油机采油系统的实际运行效率远小于理论值。抽油机采油系统的能量转换顺序是把电能转化为机械能，然后再把机械能转化为液体的重力势能、压能和动能。能量相互转化过程中，效率较低，理论值与实际测量值相差较大。其能量损失比较大的部分主要有电动机、皮带—减速箱、抽油泵以及抽油杆等。其中，既包含抽油机采油系统自身的问题，又存在各部分（如电动机、抽油泵、抽油杆等）之间的匹配问题。影响抽油机采油系统能耗的几个方面：

（1）抽油机采油系统日常生产过程中，存在轻载现象，设备能力利用率较低；

（2）抽油机采油系统设计存在一定问题，扭矩存在一定的波动现象；

（3）四连杆机构连接部分润滑效果不理想，平衡度不高等；

（4）电动机装机功率过高，负载轻，功率利用率低，功率损失较大；

（5）抽油泵的充满系数受到系统物理原理导致的抽油杆和油管弹性变形的影响。

由此可知，在对抽油机采油系统采取节能降耗措施时，需要兼顾油井井况、抽油设备及管理这三个方面做综合考虑。

2 抽油机采油系统节能产品及技术

游梁式抽油机节能最有效和最核心的技术措施是电动机节能，而电动机节能需要解决三方面的问题。

（1）电动机负载率低：抽油机具有较大的惯性矩，启动比较困难。且为保证抽油机具有一定的过载能力，需要匹配较大功率的电动机，这降低了电动机的运行效率与功率因数。

（2）平衡度低：抽油机的结构不平衡通常是由上、下冲程载荷大小与组成不同以及传动机构特性导致的，同时会导致载荷波动系数（CLF）偏高，电流的均方根值偏大，增加电动机的热损失与内耗。

（3）倒发电现象：抽油杆下冲程时，抽油机反馈至电动机轴处的等效负载为负，电动机呈发电机工况，并将这部分能量转换为电能。电动机倒发电导致转速不稳定，且其发电的相位及频率都不能达到电网的电能质量要求，不但不能被电网吸收，还会污染电网，造成电网供电不稳和供电浪费。因此，必须以额外电路消耗掉。现场实测的上百井次抽油机都存在倒发电现象，最大发电功率可达 40 kW，其节电潜力不容忽视。

为解决上述三方面问题，迄今为止的抽油机节能研究主要围绕抽油机结构改进、电动机及其控制技术、增设节能装置等方向开展。本章将重点介绍与此相关的节能技术。

2.1 节能抽油机

2.1.1 改进结构形式

改进结构形式，是通过改变抽油机四连杆机构的几何尺寸配比以降低抽油机的转矩因数，从而降低抽油机的工作转矩及其波动，以实现节能。

2.1.1.1 偏置式抽油机

偏置式抽油机的曲柄平衡重中心线对曲柄销与曲柄轴中心连线偏离一个角度，所以称为偏置型游梁式抽油机，也叫异相平衡抽油机，其结构如图 2-1 所示。偏置式抽油机优化了四连杆机构的悬点运动和动力特性，实现了"慢提快放"，以改变抽油机曲柄轴净扭矩曲线的形状和大小，使其波动更趋于平坦，减小了负扭矩，从而减小抽油机的周期载荷系数，提高电动机的工作效率。

这类抽油机的特点是，其在一个循环中的悬点载荷变化很大。以静载荷为例，抽油机上行程悬点载荷中有抽油杆柱重和油柱重，下行程只有抽油杆柱重。当抽油机上行程时，悬点载荷大，需要减速器输出的扭矩也大。在扭矩最大点时，连杆与曲柄的夹角接近于 90°，这就大大增加了提起悬点载荷的能力，提高了机械效率。当抽油机处于下行程时，由抽油杆下落与电动机一起提起平衡重，这时连杆与游梁的夹角增大（实际上是传动角变小），使抽油杆下落释放的能量可以更有效地提起平衡重。

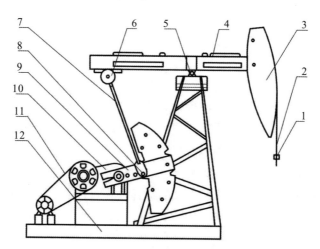

1—悬绳器；2—吊绳；3—驴头；4—游梁；5—支架；6—横梁；7—连杆；
8—曲柄销；9—曲柄；10—减速器；11—带传动；12—底座总成

图 2-1 偏置式抽油机结构示意图

减速器输出轴净扭矩计算中，在油井工作参数和工作条件确定以后，悬点载荷的变化是不大的。当然，减小光杆加速度可以减小惯性载荷，进而减小悬点载荷值，但是光杆最大加速度往往发生在抽油杆、管变形区间。最大加速度引起的惯性载荷对光杆最大负荷影响不大。计算表明，光杆最大负荷点并不是曲柄轴扭矩最大点。而扭矩因数对负荷扭矩影响很大，当悬点载荷不变时，扭矩因数的下降率就是负荷扭矩的下降率。偏置式抽油机使上冲程的最大扭矩因数下降，从而使抽油机减速器输出轴净扭矩下降。下冲程扭矩因数值增大，使抽油杆下落释放出的能量可以更有效地储存到平衡重上。

悬点载荷在一个工作循环中是一条非正弦曲线，正负峰值分别发生在曲柄转角 60°和 300°时。以曲柄顺时针旋转为例，平衡力矩是以曲柄平衡扭矩为振幅的近似正弦曲线，峰值分别为 90°和 270°。因为悬点净负荷扭矩和平衡力矩的峰值发生点位置相差较大，所以净扭矩曲线变化幅度仍然较大，且有明显的负值。为解决这一问题，除对抽油机几何参数进行优化使悬点净负荷峰值移动外，还可在曲柄上设置一个偏置角，即平衡重中心线与曲柄销—曲柄轴连线不重合，存在一个偏置角，使净扭矩曲线峰值降低、变化幅值减小，从而提高抽油机的平衡效果。由于电动机功率正比于减速器输出轴的均方根扭矩，因此在相同工作条件下偏置式抽油机所需电动机功率比常规型游梁式抽油机（以下简称常规型抽油机）低，这就是偏置式抽油机的节能原理。

偏置式抽油机的缺点是，完全继承了常规型抽油机的四连杆机构，为了满足曲柄存在条件和一定传动角的要求，结构上限制了各杆长度的变化范围，使节能效果也受到一定限制。但当前也被列入节能型抽油机行列。

2.1.1.2 前置式抽油机

前置式抽油机多为重型长冲程抽油机，目前生产的 12、16 两种机型已在油田得到使用。从工作扭矩曲线分析，前置式抽油机平衡后的理论净扭矩曲线是一条比较均匀的接近水平的直线，因此其运行平稳，减速箱齿轮基本无反向负荷，连杆游梁不易疲劳损坏，机械磨损小，噪声比常规型抽油机低，整机使用寿命长。计算和测定表明，其加速度可减少 40%，相应减速箱扭矩减少 35%左右。与同等级的常规型抽油机相比，前置式抽油机可配置较小功率的电动机，一般可减少功率 20%，节能效果显著。据报导，美国 Lufkin 公司的 MARK-Ⅱ型前置式抽油机，可减少悬点载荷 10%，降低悬点加速度 40%，平均减少电耗 36.8%。美国 Lufkin 公司生产的前置式气动平衡抽油机，质量减轻了 40%，体积缩小了 35%，可减少电耗 35%以上。

从结构上讲，前置式抽油机仍为四连杆游梁式抽油机，由于其具有机械运行平稳、扭矩波动小及节能效果明显等优点，受到国内外石油工业界的肯定。我国根据国内油田开发情况，借鉴国外同机型的设计经验研制出了适应性更好的机型。

与常规型抽油机相比，前置式抽油机结构特点是游梁支架放在尾部，减速器、曲柄、连杆、横梁、游梁及驴头都放在支架前方。目前，现场应用的前置式抽油机,按平衡方式分为两种:一种是图2-2(a)所示的曲柄平衡式,曲柄本身偏置一定的角度,即连杆和曲柄销在一侧,而平衡重置于另一侧;另一种是图2-2(b)所示的气动平衡式。

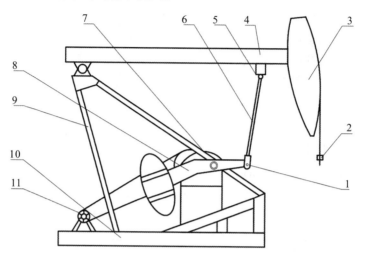

1—曲柄销;2—悬绳器;3—驴头;4—游梁;5—横梁;6—连杆;

7—减速器;8—曲柄;9—支架;10—底座总成;11—电动机

(a)曲柄平衡式

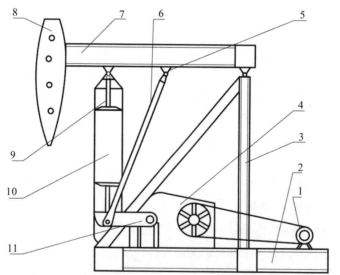

1—电动机;2—底座总成;3—支架;4—减速器;5—横梁;6—连杆;

7—游梁;8—驴头;9—气缸活塞;10—气缸;11—曲柄

(b)气动平衡式

图2-2 两种前置式抽油机结构示意图

　　以图 2-2（a）所示的曲柄平衡式抽油机为例，这种机型的曲柄连杆机构存在一定的极位夹角（15°左右）和平衡相位角（20°左右），即机构为非对称循环。前置式抽油机可以做到曲柄旋转时约有 195°的上冲程和 165°的下冲程，这就使上、下冲程产生一个时间差，从而改善了抽油机的动力性能。由于光杆运动中加速度与运行时间的平方成反比，因此，使用前置式抽油机，上冲程光杆加速度小、动载荷较小、悬点载荷较低。计算和测试结果表明，这样可减少光杆加速度 40%，并减少光杆最大负荷 10%，进而减少抽油杆事故，延长其使用寿命。

　　前置式抽油机曲柄平衡重与连杆曲柄销之间为非对称设置，带有一定夹角，结构上使上冲程开始时的扭矩比油井负荷扭矩"滞后"一定角度。而在下冲程开始时，这种扭矩又超前于油井负荷扭矩，其结果使抽油机采油系统能达到较好的扭矩均衡。曲柄平衡式抽油机的曲柄轴净扭矩曲线波动小，基本消除了负扭矩。与常规型抽油机相比，在同种工况下，其减速箱曲柄轴最大扭矩及均方根扭矩都下降 30%左右，扭矩与传递功率成正比，因而可减少相同百分数的动力机功率。因此在同样油井情况下，前置式抽油机的功率利用率有所提高，有效降低了电动机的实耗功率，具有明显的节能效果。如图 2-2（b）所示，气动平衡式抽油机用气缸活塞取代笨重的平衡重，能实现较为理想的平衡，节能效果明显。气动平衡式抽油机由调节阀实现自动补气，操作简便，由于采用了气动平衡，故动作柔和、动载系数小、振动小、噪音低。该机结构紧凑、体积小、重量轻、便于运输。气缸安装有两种形式：一种是安装在底座上，气缸活塞杆悬挂在游梁上；另一种是悬装在游梁上，气缸活塞杆用球铰固定在底座上。美国 Lufkin 公司的前置式气动平衡抽油机采用第二种气缸固定方式，其优点是有利于减速器负扭矩的减少，使减速器的扭矩峰值趋于平缓。气动平衡式抽油机除了气路系统外，其他结构与普通前置式曲柄平衡抽油机相差不大。

　　前置式抽油机的缺点：一是设计制造难度大，生产周期长；二是结构不平衡，而为了满足平衡的需求，必须加大平衡重，因此增加了整机重量，平衡重调节也较困难；三是减速器安装在支架下面，给安装和维修带来不便；四是工作时前冲力较大，影响了支架的稳定性。因此，前置式抽油机在我国应用尚不够广泛。

2.1.1.3　新型 6 杆机

　　比较具代表性的新型 6 杆机如图 2-3 所示，这三种抽油机是在常规型曲

柄平衡式抽油机的基础上开发研制并发展起来的。由传统的 4 杆机成为新型的
6 杆机，是结构上的重要变革。

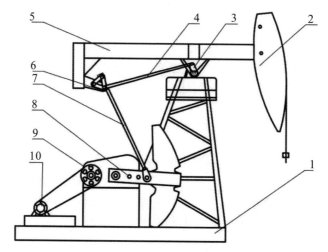

1—底座总成；2—驴头；3—支架；4—操纵杆；5—游梁；6—偏轮；
7—连杆；8—曲柄；9—减速器；10—电动机

（a）偏轮抽油机

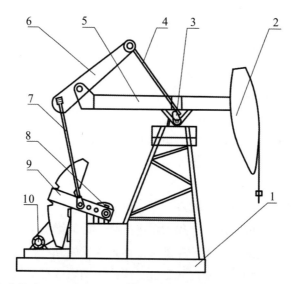

1—底座总成；2—驴头；3—支架；4—操纵杆；5—游梁；6—摇杆；
7—连杆；8—减速器；9—曲柄；10—电动机

（b）摇杆抽油机

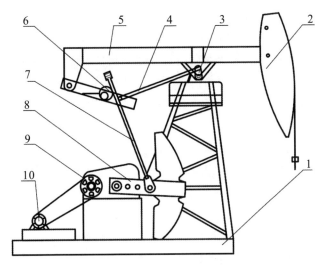

1—底座总成；2—驴头；3—支架；4—连杆；5—游梁；6—操纵杆；
7—连杆；8—曲柄；9—减速器；10—电动机

(c) 双四杆抽油机

图 2—3 三种新型 6 杆机结构示意图

图 2—3 (a) 所示偏轮抽油机的结构特点是在普通游梁式抽油机后臂增设两根杆件，一是位于游梁尾部的偏轮（副连杆、摇杆），二是位于偏轮和游梁支架之间的操纵杆，其端部分别与偏轮摆杆和支架中座相连，这样就形成一种新型 6 杆抽油机。当曲柄旋转时，曲柄带动连杆、横梁、偏轮（副连杆、摇杆）和游梁运动。该机构是非对称循环，悬点上冲程所对应的曲柄转角约为195°，而下冲程曲柄转角约为 165°，悬点上冲程时间长于下冲程时间，因而上冲程运动加速度减小，而下冲程加速度增大。偏轮抽油机上冲程最大加速度远低于常规型抽油机，因而悬点载荷比常规型抽油机小一些，可有效延长抽油机的使用寿命。

偏轮抽油机在运动过程中，偏轮相对于游梁转动，于是游梁后臂的有效长度随着曲柄转角的变化而变化，游梁摆动角速度也随着曲柄转角的变化而产生不同的变化。上冲程游梁后臂的有效长度随着曲柄转角的增大而缩短，下冲程时游梁后臂的有效长度增加，使得悬点的运动速度在曲柄转角为 105°时达到最大值，而在 270°时达到最小值，偏轮相对于游梁转动速率也随之变化。由于抽油机的扭矩因数等于悬点的运动速度与曲柄角速度的比值，而当冲次一定时，曲柄角速度是基本不变的，所以当悬点的运动速度达到最大值时，扭矩因数也达到最大值，这样使上冲程扭矩因数达到最大值点的位置比常规型抽油机和异相曲柄平衡抽油机向后推移了15°左右，而下冲程抽油机最小扭矩因数所在位置的点分别比常规型抽油机和异相曲柄平衡抽油机提前了45°和15°。这样不仅改善了抽油机的运动特性和动力特性，而且也增加了冲程长度。

新型6杆机不仅具有异相曲柄平衡抽油机的优点，还由于其独特的结构，形成了独特的运动特性，改善了游梁式抽油机的平衡效果，使减速器输出轴扭矩的峰值有较大幅度下降，净扭矩曲线波动变化平缓，周期负载率明显下降，因而地面效率提高，达到节能降耗的目的。

这类抽油机的缺点是结构相对较复杂，增加了维护工作量。

2.1.2　改进平衡方式

改进抽油机的平衡方式，可以提高抽油机的平衡度，降低减速器输出轴转矩的波动幅度，最终达到节能的目的。

抽油机的平衡方式包括曲柄平衡、游梁平衡、气动平衡、（游梁偏置）复合平衡、变矩平衡等。多数情况下，对游梁式抽油机进行节能改造的实质就是对抽油机进行平衡改造。

2.1.2.1　下偏杠铃抽油机

下偏杠铃抽油机的结构如图2—4所示。

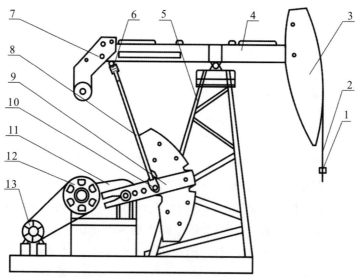

1—悬绳器；2—吊绳；3—驴头；4—游梁；5—支架；6—横梁；7—偏锤；8—连杆；
9—曲柄；10—曲柄销；11—减速器；12—带传动；13—电动机

图2—4　下偏杠铃抽油机结构示意图

下偏杠铃抽油机的结构以常规型抽油机为基础，在游梁尾部增加了固定偏置平衡装置，重心相对游梁下偏一个角度ε（称为游梁平衡重偏置角）。该机型将曲柄平衡机构和游梁偏置平衡变矩机构有机结合在一起，以改善抽油机的平衡状况，削减峰值扭矩，达到节能目的。

在运行中，游梁偏置平衡装置重心的运行轨迹是一段圆弧，当重心处于游梁回转中心的水平线上时，其重力矩最大；当重心处于游梁回转重心的垂直线上时，其重力矩最小。利用这一变矩原理与曲柄平衡复合作用，可有效削减悬点载荷峰值扭矩，改善曲柄平衡游梁式抽油机的曲柄轴净扭矩曲线的形状和大小，使其波动平缓，且能消除负扭矩，从而减小抽油机的周期载荷系数，提高电动机的工作效率。随着冲程的大小变化，游梁偏置复合平衡扭矩随曲柄转角的变化趋势不同。这种结构形式特别适合常规型抽油机的改造，其结构简单，制造容易，仅增加一个无运动件的刚性平衡装置，本身无须维护保养，完全继承了游梁式抽油机的全部优点。

下偏杠铃抽油机的缺点是游梁偏置平衡装置的质量很难精确调整，平衡效果受到限制。另外，偏锤质量的增加所带来的惯性力给支架的稳定性带来较大影响，同时也对游梁强度提出了更高的要求。

2.1.2.2 摆杆式游梁抽油机

摆杆式游梁抽油机的结构如图2-5所示。

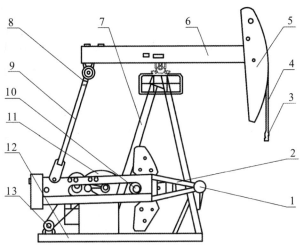

1—转轴；2—摆杆；3—悬绳器；4—吊绳；5—驴头；6—游梁；7—支架；
8—横梁；9—连杆；10—曲柄销滚轮；11—减速器；12—底座总成；13—电动机

图2-5 摆杆式游梁抽油机结构示意图

摆杆式游梁抽油机将摆动导杆机构与常规型抽油机的四连杆机构相结合，在游梁式抽油机的曲柄与连杆之间增加一对槽形摆杆，固定在曲柄上的滚轮在摆杆中间的轨道上做往复直线运动，牵动摆杆绕支承轴做上、下摆动；摆杆尾端与连杆铰接，通过连杆拉动游梁、驴头上下摆动。

摆杆式游梁抽油机的节能机理如下：

（1）具有较大的极位夹角。摆杆式游梁抽油机采用了槽形摆杆的急回机构，有较大的极位夹角，12 型摆杆机极位夹角达到 28°左右，具有"慢提快放"的节能效果，使上冲程加速度降低，悬点动载荷减小。

（2）合理的传动角。其下传动角（连杆与摆杆斜长的夹角）变化范围小，减少了摆杆的受力，使减速器输出轴扭矩降低。

（3）变化力臂具有变矩节能效果。随着曲柄的转动，滚轮在摆杆的轨道中滚动，使得曲柄对摆杆的作用力对摆杆转动中心的力臂时刻在变化，在上冲程悬点载荷较大时力臂较长，在下冲程悬点载荷较小时力臂较短，这样就使得输出轴扭矩变化平缓。

（4）较多的能量积蓄。在下冲程时，摆杆上的连杆铰点比滚轮到支承轴中心的力臂长，提起的平衡重积蓄能量多；在上冲程时，这部分能量释放出来，电动机消耗的功相对减少。

（5）独特的平衡机理。曲柄平衡扭矩只能平衡正弦分量，摆杆平衡扭矩对平衡悬点载荷扭矩的作用为上冲程时较大、下冲程时较小，可使净扭矩峰值减小。

摆杆式游梁抽油机的缺点如下：

（1）由于摆杆、摆杆尾配重的存在，压迫滚轮和曲柄。常规的曲柄旋转惯性利用不畅，因此摆杆式游梁抽油机机启动困难。在修井作业时需增设简易起吊装置。

（2）由于滚轮和上、下导轨之间存在间隙，当井下负荷很小，抽油机游梁前臂上的负荷力矩小于后臂上的平衡力矩时，摆杆的摆动与电动机带动的滚轮旋转不同步，产生滚轮对导轨的跳动冲击。

（3）滚轮与导轨经常摩擦，容易磨损，磨损后拆装困难。

2.1.2.3　双驴头异型抽油机

双驴头异型抽油机是我国于 1996 年研究开发的一种新型节能游梁式抽油机。该机以常规型抽油机为基础模型，对四连杆机构进行了关键性的技术变革。其结构如图 2-6 所示。

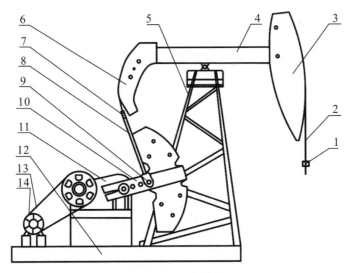

1—悬绳器；2—吊绳；3—驴头；4—游梁；5—支架；6—后驴头；7—横梁；8—连杆；
9—曲柄销；10—曲柄；11—减速器；12—底座总成；13—带传动；14—电动机

图 2-6　双驴头异型抽油机结构示意图

双驴头异型抽油机是在常规型抽油机的游梁后臂上增加了一个具有变径弧形的后驴头，游梁与横梁之间采用柔性连接件进行连接。此类抽油机的主要特点是对常规型抽油机的四连杆机构进行了关键性的技术创新，使之成为具有"变参数四连杆机构"的抽油机。由于柔性连接件和驴头圆弧始终相切，即它与游梁之间的夹角接近 90°且变化不大，从而允许游梁做大摆角摆动，以获得长冲程。

双驴头异型抽油机工作时，曲柄通过"特殊连杆"（柔性连接件）拉动游梁而往复摆动。随着曲柄的转动，特殊连杆与游梁后臂弧形轮廓上下运动，即连杆长度和游梁后臂有效长度均随曲柄转动而变化。曲柄上冲程转角约为192°，下冲程转角约为168°，正是由于这种变参数四连杆机构的作用，改变了抽油机扭矩因数的变化规律，使其悬点载荷作用到曲柄轴的扭矩变化接近于正弦规律，实现了与按正弦规律变化的平衡扭矩较好的平衡，使净扭矩接近于恒定状态，降低了减速器输出扭矩的峰值，避免了负扭矩，从而减小了减速器的额定扭矩及所配电动机的额定功率，进而减小了电网的负荷波动。

通过油田的实际使用发现，双驴头异型抽油机柔性连接件的刚性较差，常出现柔性绳断股的现象，从而影响正常生产。

2.1.2.4 渐开线异型抽油机

渐开线异型抽油机主要为渐开线天轮抽油机，其结构如图2-7所示。

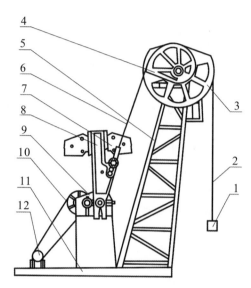

1—悬绳器；2—吊绳；3—天轮；4—驱动轮；5—支架；6—驱动绳；7—曲柄销；
8—曲柄；9—减速器；10—带传动；11—底座总成；12—电动机

图2-7 渐开线天轮抽油机结构示意图

渐开线异型抽油机采用双天轮结构，驱动轮通过钢丝绳与曲柄销连接，天轮通过钢丝绳与光杆相连，并与驱动轮同轴固定在一起，通过钢丝绳的软传动，实现将减速器的旋转运动变成提升光杆的垂直运动。

由于驱动轮轮廓为渐开线，负荷轮轮廓为圆形，因此在每一次抽汲的过程中，轮径比始终变化，而这种变化规律正好与悬点载荷的变化规律相吻合，因而降低了减速器输出轴扭矩峰值，改善了运动和动力特性，实现了节能。渐开线异型抽油机前轮取消了横梁、连杆，避免在光杆断脱或滞后时出现横梁撞击支架，破坏支架与横梁的情况，消除了事故隐患。修井作业时，只需将悬绳器移开，这样就能减少对机构的移动作业。为避免因曲率半径过小带来的钢丝绳断股现象，可在驱动轮上覆盖聚氨酯板。

这类抽油机的缺点是天轮部件加工制造困难。

综上所述，随着油田开采能耗的加大，石油天然气行业越来越重视节能工作，研制和选用节能型抽油机被提到重要位置。与此同时，设备的可靠性、操作方便性等各项指标也是必须注意的方面。前面提到的几种抽油机中，偏置式抽油机虽被列入节能抽油机范畴，但其节能效果并不太明显；前置式抽油机具有扭矩波动小及节能效果明显等优点，但因制造难度大、结构笨重、安装维修复杂等，在推广范围上受到限制；以偏轮抽油机为代表的三种新型 6 杆机采用了刚性连接，运转平稳，节能效果较好，但运动件增多会带来易损件增多的问题，且制造、安装、调整复杂，目前在用机型并不多；下偏杠铃抽油机在常规型抽油机的基础上采用新的平衡方式，理论计算平衡效果较好，但针对不同工况节能效果差别较大，主要原因是平衡无法精确调整。而双驴头异型抽油机经过多年的推广应用，其节能效果得到了各油田的普遍认可，针对各种不同工况只要平衡调整适当，都可得到满意的节能效果。双驴头异型抽油机的主要缺点是柔性连接件容易断股，但通过合理设计驴头轮廓、选择韧性好的材料等，就可以较好地解决这个问题。由于这种机型与常规型抽油机相比取消了尾轴承，因此易损件减少。渐开线异型抽油机与双驴头异型抽油机原理有部分相同，即省略了横梁和刚性连杆，取而代之的是驱动绳直接与曲柄销相连，且针对钢丝绳容易断股的问题，在弧面上增加了耐磨材料。此外，渐开线异型抽油机还有一个优点，就是采用对称布置的轮式结构，使井下作业更加方便。

2.2 节能电动机

长期以来，游梁式抽油机都以普通三相交流异步电动机作为驱动电动机。由于抽油机的负荷是周期性变化的，有较大的冲击载荷，且游梁式抽油机具有较大的惯性矩，启动比较困难，因此，不仅需要按其最大扭矩来选择电动机，还要充分考虑电动机必须有足够的启动转矩。另外，要求抽油机有一定的过载能力。目前，抽油机所配电动机的功率一般偏大，加之油田现场使用的抽油机大多不在最大负荷下工作，这就造成抽油机驱动电动机的容量远远大于现场实际所需功率。根据测定和统计，抽油机电动机的实际负荷一般只有 30%～40%。因此，电动机的运行效率很低。目前，油田电动机节能主要分为三个方面：其一，人为地改变电动机的机械特性，主要是通过改变电源频率，以实现负荷特性的柔性配合，从而提高抽油机采油系统效率，实现节能。这种方法主要是改变电源频率。其二，从设计上改变电动机的机械特性（如高转差电动机和超高转差电动机），从而改善电动机与抽油机的配合，提高系统运行效率，实现节能。其三，通过提高电动机的负荷率和功率因数，实现节能。

2.2.1　超高转差率电动机

超高转差率电动机是通过增加转子电阻来增加电动机的转差率，从而使电动机在重负荷期间速度降低并增加扭矩，在轻负荷期间速度增加并减小扭矩，与抽油机的机械特性更好地匹配，以实现节能。当交变正弦曲线扭矩载荷达到峰值时，电动机转速下降，扭矩上升；而扭矩曲线趋于平缓、载荷较小时，电动机转速上升，扭矩下降。如此，曲柄轴净扭矩曲线峰值得以削弱，且电动机启动电流小、启动力矩大，能够用较小容量的电动机取代较大容量的电动机。与常规抽油机电动机相比，其装机容量降低 40%。然而，超高转差率电动机在国内外的使用效果差异很大，美国生产的超高转差率电动机驱动抽油机可提高功率因数，节电率为 22.7%，国内的综合节电率为 17.42%。产生节电效果较大差异的原因在于超高转差电动机的适用条件：首先，抽油井具有较大的振动载荷；其次，转差率大小限定在 6%～8%，不可过高。由于超高转差率电动机滑差高，且国内油井惯性载荷及振动载荷较小，因此使用范围较窄。

2.2.2　双功率电动机

双功率电动机在三相异步电动机的基础上增加了一副定子绕组，因此也被称为双定子电动机。双功率电动机的定子绕组由两副可并联的绕组组成。双功率电动机的使用必须结合电流检测电路，对电流大小实时监测，自动切换绕组的使用。两组并联定子绕组可使电动机的运行更加灵活。抽油机启动时两绕组同时接通，增大启动力矩；启动完成后，根据油井工况，可以进行单一绕组工作；当扭矩载荷升至最大时，两个绕组再次同时运行。因此，电动机在整个工作周期均处于最佳负荷率，效率与功率因数大大提高。其在正常工作时的性能指标与普通感应电动机相当，而在启动时启动转矩大、启动电流小。由于该电动机的工作损耗小，发热问题不严重，因此可以采用 IP44 防护形式，适于在野外及风沙大的地方工作。该电动机所有材料与普通电动机相同，不需要特殊材料，价格较低，适于在油田推广使用。不足之处在于无法解决系统配合问题，联轴时对同轴度要求较高，现场安装难度大。

2.2.3　稀土永磁同步电动机

稀土永磁同步电动机的结构类似于三相异步电动机，不同之处在于转子由稀土永磁材料制成的磁钢和启动鼠笼组成，取代了原异步电动机的励磁部分，将异步变为同步，减小了电能损耗，提高了效率与功率因数，且具有很好的硬特性。稀土永磁同步电动机转子损耗比普通异步电动机小得多，因此电动机本身的效率比普通 Y 系列电动机高约 5%，功率因数可达 0.9，在 25%～120% 的额定负荷范围内均可保持较高的功率因数与效率。此外，同步电动机较异步电动机具有更大的启动转矩，堵转转矩高，应用在负荷频繁变化的抽油机上有十分理想的节能效果。但是，稀土永磁同步电动机成本高，且不具备超高转差率电动机消除振动载荷的能力，机械传动部分冲击无法吸收，影响使用寿命（永磁体消磁），因此不能改善机、杆、泵系统的配合效果，起不到系统节能的作用。相同功率的稀土永磁同步电动机比普通 Y 系列电动机成本高约 50%，且启动电流比普通 Y 系列电动机还大，启动过程中电动机的转矩有振荡。

2.2.4　直线电动机

搭载直线电动机的抽油机多用于长冲程塔架式工况，这类长冲程塔架机主要由导向轮、机架、电机、配重箱、控制箱等组成。它简化了抽油机的运动形式，由电动机直接带动抽油杆做往复直线运动，提高机械效率。直线电动机抗载荷波动能力强、加速度低、运行平稳，可在 90% 的工作周期中保持恒定转速，且速度只与工作电源的频率相关，与负载无关。冲程是通过调整直线电动机动子运行距离改变的。因此，搭载直线电动机的抽油机的冲程、冲次均可实现无极调控，冲程的调节精度为 ±1 mm，冲次的调节精度为 ±0.01 次/min。有机构开发了一款新型直驱电磁抽油机（EMPU），采用的是一款特殊的直线电动机，其上具有两套线圈，且电动机输出轴贯穿电动机两侧，下端输出轴连接配重箱，上端输出轴连接的钢丝绳绕过固定在支架上的两个滚筒带动抽油杆完成举升动作。EMPU 体积小、结构紧凑，适用于海上采油与丛式井等特殊工作环境，但除了采用配重箱往复储能、释能外并没有其他节能手段，且电动机造价高，因此不易普及。

2.2.5　高启动扭矩电动机

高启动扭矩电动机是利用双定子结构，两转子同轴安装，两个绕组的功率不同，但转差率相同。其启动时为双电动机工作，根据负载情况，能够自动切换额定功率，使电动机始终维持较高的负载率，这样就提高了电动机的效率以及功率因数，从而达到节能降耗的目的。某采油厂的实践结果显示，这种高启动扭矩电动机综合节电率在 15% 左右。

2.2.6　电磁调速电动机

电磁调速电动机利用电磁滑差离合器来调节电动机转速，以改变抽油机冲次，使供采关系得以妥善协调。但由于这种电动机的启动速度较低，因此可通过减小匹配电动机的额定功率达到节能降耗的目的。

2.2.7　绕线式异步电动机

绕线式异步电动机在转子滑环的输出引线端接一个三相整流桥，整流桥后接一个大功率电阻，电阻两端并联一个电力电子开关。通过电流变化规律，以脉冲宽度调制（Pulse Width Modulation，PWM）方式通断，形成调制斩波电阻，在受到冲击载荷时机械特性变软（电动机机械特性的软、硬就是指转速随转矩变化的大小："硬"，转速变化小；"软"，转速变化大），从而改善系统配合，提高系统效率。在曲柄转过换向点时控制绝缘栅双极型晶体管导通，并切断电阻，电动机工作转速变化小，效率恢复到正常值。这类电动机结合了普通电动机和超高转差率电动机的优点，同时又克服了两者的缺点；电动机的启动电流较小，启动转矩较大，内部组件损耗较小，但成本较普通 Y 系列电动机高约 80％。

2.2.8　磁阻电动机

磁阻电动机是利用转子磁阻不均匀而产生转矩的小功率同步电动机，又被称为反应式同步电动机。它是一种连续运行的电气传动装置，结构及工作原理与传统的交、直流电动机有很大的区别。磁阻电动机不依靠定、转子绕组电流所产生磁场的相互作用产生转矩，而是依靠"磁阻最小原理"产生转矩。所谓"磁阻最小原理"，即"磁通总是沿着磁导最小的路径闭合，从而产生磁力，进而形成磁阻性质的电磁转矩"和"磁力线具有力图缩短磁通路径以减小磁阻和增大磁导的本性"。磁阻电动机的速度调整非常方便，使对抽油机的冲次调整也更容易。但是，磁阻电动机的控制线路复杂，产生的谐波分量较大，容易引起变压器的电压波形畸变；并且噪声大，整套系统效率不高。

2.2.9　齿轮减速电动机

齿轮减速电动机一般是把电动机、内燃机或其他高速运转的动力通过齿轮减速机（或减速箱）输入轴上的小齿轮带动大齿轮达到一定的减速目的，采用多级齿轮的结构，可以大大降低转速从而增加电动机的输出扭力。其核心"增力减速"是利用各级齿轮传动来完成降速的,减速器就是由各级齿轮副组成的。齿轮减速电动机的输出转速很低,一般为 $180\sim300$ r/min,齿轮传送效率较高。在低产液量井上使用齿轮减速电动机,效率提高明显;其体积小、重量轻、价格低,额定功率可大幅下降 $4\sim5$ 个功率等级。但是齿轮减速电动机的效率和功率因数较低,且有机械减速部分,每年的维护工作量较大。

2.3 节能控制系统

电控箱是抽油机运行的重要部件,其性能好坏直接影响着抽油机采油系统效率的高低。因此,合理配置电控箱是提高抽油机采油系统效率、减少电网无功损耗的重要途径之一。

随着油田的开采,采出液含水率日益增加,为保证油田原油产量,就要大幅度增加油井采出液量。显然,油田对电能的需求就变得越来越大,加上游梁式抽油机的运转特性,即随着抽油机载荷的增大,电动机功率变化范围也增大。由于三相异步电动机的硬特性,损耗率也会增大。同时,这会加速抽油机各系统部件的损坏,不仅给油田生产管理工作带来困难,而且不利于油田节能降耗工作的开展。在全国范围内进行试验或已投运的节能电控装置不下数十种,大体上可分为四种类型,下面将分别加以讨论。

2.3.1 间抽控制器

抽油机是根据油井最大抽取液量和下泵深度来选择的,并且会留有设计余量。随着油井中液体的持续抽取,井中液面逐渐下降,泵的充满度越来越不足,直到最后发生空抽。如果不加以控制,就会白白浪费大量的电能。对于这种油井,最简单的方法是实行间抽,即当油井出液量不足或发生空抽现象时,就关停抽油机,等待井下液量的蓄积,当液面超过一定高度时,再开启抽油机,这样就提高了抽油机的工作效率,避免了大量的电能浪费。

间抽控制的传统做法是派人定时到油井开停抽油机。但直到现在,即使在发达国家,也还有不少油井采用这种人工控制方式,以解决抽油机的低效和能源浪费问题。这种做法的弊端是每天要派人去井场操作多次,且操作人员需经过长期试验才能摸索出适合各油井的间抽规律,费工费时。因此,有油田引入给抽油机定时的方法,只须设定开、停机时间,便能进行间抽自动控制。但这仍然无法解决令抽油机的工作能力动态地响应油井负荷的变化,以达到最佳节能效果的难题,同时还有可能影响油井产量。

为了解决上述问题，可在抽油机上安装相关传感器，精确感知油井负荷的动态变化，以实现智能间抽控制。

2.3.1.1　液面探测器

如果能直接测出井中的液面高度，就可以用它来控制抽油机的运行。当液面高度超过泵吸入口时，就启动抽油机；当液面高度降到泵吸入口时，就关闭抽油机，避免发生空抽。较早期的做法是使用永久式的井下压力传感器来检测液面高度，现在则是利用声波装置从地面上自动监测井下液面高度。但是由于其装置复杂、维修费用高，并未得到普及。

2.3.1.2　流量传感器

在井口以流量传感器检测油井的出液量，是实现抽油机间抽控制最直接也是最有效的方法。但是，由于国内相当部分的油井产量过低，有些油井的产量每天只有几立方米，甚至不足 1 m³，流量只有 10 cm³/s，这种小流量的检测对于各类流量传感器而言都是一个难题。再加上井中采出的油液中含有较多的泥沙和蜡块，经常会发生堵塞现象，因而这种方法也未能获得推广应用。

2.3.1.3　电动机电流传感器

目前，电动机电流的检测是最方便、最可靠，也是成本最低的一种方法。当发生空抽，下冲程开始时游动阀并没有打开，光杆载荷为杆柱重量及游动阀上部液柱的重量之和，可平衡掉大部分的配重，电动机只要用很小的能量就可将杆柱送入井底，通过的电流较小；当油井中泵的充满度较高时，下冲程开始不久游动阀即打开，泵中液面托住了游动阀上部的液柱重量，并且使抽油杆柱也浸没在液体中，因而光杆载荷只是杆柱在液体中的浮重，这就意味着电动机需要用较大的能量来举起曲柄或游梁尾部的平衡重的重量才能使杆柱送入井底，通过的电流就较大。

因此，可在下冲程时设定一个值，当发生空抽实际电流值降至此值以下时，控制器就关闭抽油机。也可借助电动机的平均电流进行检测，这样就可以很容易地以实际平均电流的下降情况判断是否发生空抽。

2.3.1.4　抽油杆载荷传感器

泵的充满系数（包括空抽）可通过对抽油杆载荷的分析而得到。普遍方法是通过特制的传感器对抽油机的光杆载荷进行检测，因为光杆载荷是井下泵运行情况的最好监视器，并且不受平衡配重的影响。另外，抽油杆载荷数据加上抽油杆位置信息，是分析井下工况"示功图"的必备数据，可帮助我们对抽油机的运行情况进行全面分析。

在光杆或游梁上安装载荷传感器可以检测抽油杆的载荷数据。光杆载荷传感器的灵敏度和准确度都较高，但易损坏；安装在游梁上的传感器准确度较低，但比较耐用。

总之，间抽控制器的优点和经济效益是显而易见的。具体如下：

（1）由于缩短了抽油时间，大大减少了能量消耗。为了避免减产，人工控制和自动控制都会发生实际抽油时间比必要的抽油时间长的情况，因而不能完全避免空抽。通过传感器信号实现闭环控制的智能间抽控制器（IPOC），在检测到空抽时会立即关停抽油机，可避免空抽的发生，平均多节约能量 20％～30％。

（2）相对于人工间抽和定时间抽，智能间抽控制技术由于达到了较低的平均液面，增加了产量。因为较低的液面意味着较低的井底流压，所以可使较多的液体流入井底，通常可增产 1％～4％。

（3）由于消除了液击现象，可使井下和地面设备的维修费用减少 25％～30％。另外，智能间抽控制器可提前探测到油井故障，以进一步减少所需修井作业量。

（4）使用微电脑技术的智能间抽控制器获得的抽油系统性能信息检测数据大大增加，为抽油机的遥控遥测及集中控制提供了数据基础。

2.3.2 软启动及调压节能型装置

由于抽油机的悬点载荷参数（如 30 kN、60 kN、80 kN 和 100 kN 等）的分级有限，因此电动机功率的分级也有限。通常，每一口油井的参数可能都不一样，在选配抽油机时，不可能做到完全"量体裁衣"，一般都留有一定的功率余量；各型抽油机在配用电动机时为了保证在各种工况下的正常运行，也留有一定的功率余量；随着油井的开采，油井的产液量通常会越来越少，抽油机的负荷也相应减小。由于上述原因，抽油机的实际负载率普遍偏低，大部分在0.20～0.30 之间，最高也不会超过 50％，因此就形成了"大马拉小车"的现象。而当电动机处于轻载运行时，其效率和功率因数都较低，此时若适当调节电动机定子的端电压，使之与电动机的负载率合理匹配，就可降低电动机的励磁电流，从而降低电动机的铁耗和从电网吸收的无功功率，如此就可以提高电动机的运行效率和功率因数，达到节能目的。

2.3.2.1　电动机定子绕组△/Y转换降压节能

由于低压电动机在正常工作时，定子三相绕组是△接法，这样每相绕组会承受380 V的线电压，电动机可产生额定的输出机械功率。电动机的转矩是与电压的平方成正比的，当电动机轻载（负载率 $\beta<0.33$）时，可以将电动机的绕组由△接法改成Y接法，使每相绕组只承受220 V的电压，即为额定电压的 $1/\sqrt{3}$，电动机的转矩也就仅为额定转矩的 $1/\sqrt{3}$。当负载率 $\beta>0.33$ 时，再将电动机绕组改为△接法运行，否则会因电流过大而烧毁电动机。电动机在进行△/Y转换时会产生冲击电流。

△/Y转换一般采用交流接触器来实现，也可以通过晶闸管开关来实现，两种方法在节能效果上并无差异，而转换控制电路如何准确掌握转换时的负载率则会对节能效果产生较大影响。当负载率 $\beta<0.33$ 时，若不能及时进行△→Y转换，则会影响节能效果；而当负载率 $\beta>0.33$ 时，若不能及时进行Y→△转换，则会使电流过大，铜耗增加，反而费电，同样影响节能效果。为了不使转换频繁发生，一般在转换点的负载率之间设置一定的回差：通常当负载率 $\beta<0.30$ 时进行△→Y转换，而当 $\beta>0.35$ 时进行Y→△转换。

2.3.2.2　晶闸管相控与调压节电软启动

晶闸管相控与调压节电软启动控制框图如图2-8所示，由单片机控制串联在电动机定子主电路中的晶闸管触发角，即可以改变加在定子绕组上的端电压值，从而起到调压节电的目的。其优点是可以动态跟踪电动机的功率因数或输入电功率，达到最佳节能效果；在负载突然增加时也可得到及时响应，以免电动机堵转；且可兼作电动机的软启动器；同时由于采用单片机控制，具有完善的保护功能。其缺点是造价较高，且对晶闸管进行相控，会产生大量的谐波，这对电网、电动机以及通信系统造成不良影响。今后这类产品将因达不到电磁兼容的标准而被限制使用。关于电动机降压节电的有关计算和校验，《三相异步电动机经济运行》（GB/T 12497—2006）中有明确要求。在采取调压节电时，既要达到节电的目的，又要保证电动机轴上的出力，并有一定的过载系数；否则，当负载波动时，电动机将发生堵转而烧毁。电动机轻载降压时，首先是功率因数上升，节约了无功功率。这里必须指出，不是所有的降压行为都能达到节能的目的，只有当电压的降低程度大于转差率及功率因数的上升程度时，才能使降压运行的电动机效率得到提高而节能。

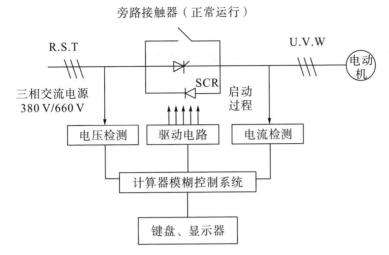

图 2—8 晶闸管相控与调压节电软启动控制框图

经过各种检验计算，电动机降压后的最低电压范围为 $(0.56 \sim 0.27)U_n$。以上数据是以正弦波电压计算的，若考虑晶闸管调压所产生的谐波，引起电动机的噪音、振动和附加发热等因素，其节能效果还要降低。一台 Y1600-10/1730 型电动机轻载降压节能效果的计算数据见表 2—1。Y1600-10/1730 型电动机的原始数据为：额定功率 $P_n = 1600$ kW，额定电压 $U_n = 6.0$ kV，额定电流 $I_n = 185$ A，额定转速 $n_n = 595$ r/min，最大转矩倍数（最大转矩/额定转矩）为 2.22，启动电流倍数（堵转电流/额定电流）为 5.53，启动转矩倍数（启动转矩/额定转矩）为 0.824，额定效率 $\eta_n = 94.49\%$，额定功率因数 $\cos\varphi = 0.879$。电动机额定负载时的有功损耗 $\sum P_n = 93.3$ kW，空载损耗 $P_0 = 29.6$ kW，空载电流 $I_0 = 46.25$ A。电动机带额定负载时的无功功率 $Q_n = 918$ kvar，空载无功功率 $Q_0 = 480.6$ kvar。

由表 2—1 可知，电动机降压节能，主要节省的是无功功率，提高了功率因数，对供电网有利。而有功节电主要节省的是电动机自身损耗的一部分能量，且随着负载率的上升而锐减：负载率 $\beta = 0.1$ 时，有功节电率为 15%；$\beta = 0.2$ 时，有功节电率为 5.3%；$\beta = 0.3$ 时，有功节电率仅为 2.1%。按照《三相异步电动机经济运行》（GB/T 12497—2006）的规定，综合节电为 $\Delta P + K_q \Delta Q$，其中 K_q 为无功经济当量，其值规定为：当电动机直连发电机母线时，K_q 取 0.02～0.04；经二次变压时，K_q 取 0.05～0.07；经三次变压时，K_q 取 0.08～0.10。一般抽油机电动机均经三次以上变压，K_q 可取为 0.10，也即每节省 10 kvar 的无功功率，可折合为 1 kW 的有功功率。由于降压节能时电动机的转速基本上不变，轴上的负载也不变，因此电动机的输出轴功率是不会改变的，节省的只是电动机自身损耗的一部分能量。表 2-1 中第 8 行综合节电率应为表中第 5 行省的综合有功功率除以当时的负载功率与第 6 行的综合损耗功率之和的结果，并非是节省的综合有功功率与电动机额定功率之比。这是一个概念误区，有些用户在计算节电效益时，往往用电动机的额定功率乘以节电率再乘以运行时间来计算节省的电能（kW·h），这是不正确的。

表 2-1　按最佳调压系数进行调压后节省的电量计算值

电动机负载率 β	0.1	0.2	0.3	0.4	0.5	0.6
最佳电压调节系数 K_{um}	0.374	0.530	0.647	0.747	0.833	0.916
节省的有功功率 ΔP（kW）	24.20	17.00	11.00	6.40	3.00	0.86
节省的无功功率 ΔQ（kvar）	386.5	300.8	224.8	157.0	97.6	47.2
节省的综合有功功率 $\Delta P + K_q \Delta Q$（kW）	47.40	35.05	24.50	15.80	8.86	3.70
$U = U_n$ 时电动机的综合损耗功率 $\sum P_c$（kW）	59.34	62.04	66.53	72.83	80.93	90.82
损耗节电率（%）	79.0	56.4	36.8	21.7	11.0	4.0
综合节电率（%）	21.60	9.17	4.48	2.22	1.00	0.35

由表 2-1 可知，当负载率 $\beta=0.4$ 时，其综合节电率为 2.22%，其节省的功率并非为 $P_n \times 2.22\% = 35.52$（kW），而应当为 $\beta=0.4$ 时的负载功率 P_n 乘以 0.4，再加上 $U=U_n$ 时电动机的综合损耗功率 $\sum P_c = 72.83$（kW），得到的和再乘以综合节电率 2.22%，即（$1600 \times 0.4 + 72.83$）$\times 2.22\% = 15.82$（kW）。有些制造商常在这一数值计算上误导或欺骗用户，应引起注意。

以降压来实现对电动机软启动的目的，一是减少启动时过大的冲击电流，二是减小全压启动时过大的机械冲击。那么，在抽油机上使用降压软启动装置，效果如何？由于电动机的转矩与施加电压的平方成正比，若降低施加电压，使得电动机的转矩达不到负载的启动转矩，则电动机是转不起来的。虽然电动机的堵转转矩一般小于额定转矩，当电压降到额定电压的 70% 时，电动机转矩只有额定转矩的 50%。对于启动转矩超过 50% 额定转矩的负载，电动机将无法启动。只有当电压升高到电动机的转矩足以克服负载的静转矩时，电动机才能启动。由此来看，△/Y 转换启动只适合启动转矩 <1/3 额定转矩的负载，一般的软启动也只适合启动转矩 <50% 额定转矩的负载。对于重载启动的负载，就降低启动电流来说，软启动器也是无能为力的。

对需重载启动的负载，软启动并不能达到减小启动电流的目的，更不能达到节省启动能量的作用。但是，由于软启动器的电压是呈斜坡上升的，虽然在达到启动转矩前电动机并不旋转。随着电动机轴上扭矩的不断增大，被拖动的负载是慢慢被加力的，当用软启动器启动需重载启动的负载时，可以达到减小机械冲击的目的。对于抽油机来说，使用软启动器，不一定能达到减小冲击电流的目的，但可以达到减小启动时机械冲击的目的。

某些文献中提到，当抽油机处于发电状态时，可以通过调整晶闸管触发角 α 改善瞬间过电压的问题，事实上也不尽然。当异步电动机由于负载超速而变成异步发电机运行时，会产生瞬间过电压，使电动机端电压高于供网电压。但由于供电网可以看成一个无穷大的电源系统，当稳态运行时，电动机端电压只是略高于供网电压，以便能量反馈。这时调整晶闸管触发角 α，只能调整电流（即异步发电机的负荷），但这对于抑制瞬间过电压并无效果。

2.3.3　无功就地补偿节能型装置

交流异步电动机的无功就地补偿是将补偿电容器组直接与电动机并联运行，电动机启动和运行时所需的无功功率由电容器提供，有功功率仍由电网提供，因而可以最大限度地减少拖动系统对无功功率的需求，使整个供电线路的容量及能量损耗、导线截面、金属消耗量，以及开关设备和变压器的容量都相应减小，从而提高供电质量。

无功就地补偿只对长期空载或轻载运行的电动机有用，对于重载运行的电动机，因其本身的功率因数较高，没有补偿的必要。由于抽油机大部分处于轻载运行的状态，且设置具有分散性，低压输电线路较长，本身功率因数偏低，因此无功就地补偿的效果较好。对于抽油机而言，负载频繁变化，若采用自动投切的电容器组补偿反而会增加成本，降低可靠性，则是得不偿失之举。其实，只要根据电动机容量及平均负载率选配适当容量的电容器进行固定补偿，既经济又实用。

2.3.4　抽油机拖动装置——超高转差率多速节能电动机

由于特殊的运行要求，抽油机匹配的拖动装置必须同时满足三个要求，即最大冲程、最大冲次、最大允许挂重。另外，还须具有足够的堵转转矩，以克服抽油机启动时严重的静态不平衡。因此，在设计抽油机时预计的安装容量裕度较大。如 6 型抽油机配 Y200L-6-18.5kW、10 型抽油机配 Y250M-6-30kW 等。20 世纪 80 年代中期，我国引进了超高转差率电动机（CJT）和超高转差率多速电动机（CDJT）技术，并进行了大量抽油机拖动装置的研究实验。结果表明，抽油机匹配节能拖动装置后节能效果显著。6 型、10 型、12 型和 14型四种抽油机匹配 CJT 的功率变化情况见表 2-2。

表2-2　四种抽油机匹配 CJT 的功率变化情况

抽油机型号	6 型	10 型	12 型	14 型
原匹配电动机	Y200L1-6	Y250M-6	Y280M-8	Y315M1-8
电动机	18.5 kW	30 kW	55 kW	75 kW
替换电动机	CJT-616kW	CJT-10A22kW	CJT-12A45kW	CJT-1465kW
功率下降率（%）	13.5	26.7	18.2	13.0
电流下降率（%）	10.0	26.3	15.0	18.8

由表 2-2 可知，由于抽油机匹配 CJT 后功率下降，其对应的额定电流相应下降。网络及电动机绕组的铜耗与电流平方成正，电流值的下降自然带来损耗的降低，从而达到节能的目的。

2.4　井下节能技术

抽油机系统效率包括地面效率和井下效率，为了提高井下效率，产生了一系列的井下节能设备，对提高井下效率、延长检修周期、降低井下检修费用有很大帮助。

2.4.1　碳纤维抽油杆

碳纤维复合材料是目前最先进的高性能复合材料之一。碳纤维抽油杆是近年来出现的一种新型连续柔性抽油杆，相比传统钢抽油杆、玻璃钢抽油杆，综合性能更优。

与普通钢质抽油杆相比，碳纤维抽油杆具有以下优点：

（1）密度小，可降低光杆载荷和减速器扭矩，节约能耗。

（2）弹性好，可优化混合抽油杆柱设计，增加产液量。

（3）耐腐蚀，可延长检泵周期，降低抽油杆的失效频率和活塞效应。

（4）与油管的摩擦力较小，可降低油管的磨损和光杆载荷。

（5）抽油杆起下作业速度快，由于呈带状，起下时可直接缠绕在专用滚筒上，可减轻作业工人的劳动强度；当配备有起下作业车时，能大大缩短起下作业时间。

（6）可扩大抽油机采油系统的应用范围，代替部分电潜泵；此外还可用于深井、超深井和腐蚀井。

由于碳纤维抽油杆的抗拉性能好，抗压能力较差，因此，在使用过程中需要一直保持受拉状态，否则可能发生断裂。又由于碳纤维杆本身质量较轻，若直接将其作为抽油杆使用，在下冲程时，抽油泵活塞与泵筒之间摩擦较大，如果无法正常下行，则抽油杆就会受压。由此可知，在设计时采用碳纤维杆—钢杆的混合杆柱结构，上部为碳纤维杆，下部为一定长度的配重杆，配重杆的作用是使碳纤维杆在工作过程中始终处于受拉状态，防止受压断裂。碳纤维抽油杆的应用起源于美国，20世纪90年代，美国抽油杆试验取得了很好的效果。2001年，国内某油田开始对100口油井采用碳纤维抽油杆。经过四年的现场应用计算出平均节能达到50％以上。

目前，碳纤维抽油杆采油工艺还处在现场试验阶段。碳纤维抽油杆对于节能来说确实具有不可比拟的优势，但要达到在油田推广使用，仍有很多问题等待解决。2013年，我国自主研发的碳纤维抽油杆已在国内油田做矿场试验。

2.4.2　新型抽稠泵

为满足抽油井复杂的开采条件（如稠油、高含砂率、油气比大、斜井等）对抽油泵的要求，近几年，国内外研制出一些具有特殊用途的抽油泵。稠油的黏度大，阻力大，用常规抽油泵无法满足抽汲过程顺利进行的要求，为此有研究单位设计了以下几种专门开采稠油的抽油泵，这里统称新型抽稠泵。

2.4.2.1　流线型管式抽油泵

流线型管式抽油泵（见图2-9）主要采用扩大或改变流道形状的设计，减少对稠油的局部阻力。其结构与普通管式泵相比，有以下特点：

（1）只在柱塞总成的上出油罩内安装出油阀球与阀座，其阀球直径比同规格抽油泵要小一个等级，这样就扩大了油流通过阀罩的流道面积，减少了油流阻力。

（2）阀座的内孔做成圆锥形，减少了对油流的阻力；采用内螺纹柱塞，流道面积比外螺纹柱塞更大，将柱塞下端的孔口做成圆锥形，减少了局部阻力；采用流线型大通道固定阀，与可打捞式的固定阀相比，提高了流通能力。

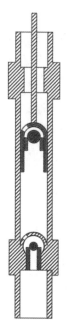

图 2-9　流线型管式抽油泵结构示意图

2.4.2.2　液力反馈抽稠油泵

　　液力反馈抽稠油泵由两台不同泵径的抽油泵串联而成（见图 2-10），中心管将上、下柱塞连为一体。泵的进、出油阀均装在柱塞上，当驴头做下冲程时，柱塞下行，上柱塞与上泵筒的环形腔 A 体积减小，压力增大。环形腔 A 内的原油通过孔 b 将进油阀关闭，油管内液柱压力通过进油阀加在柱塞上，强迫柱塞克服稠油的阻力下行；当驴头做上冲程时，柱塞上行，环形腔 A 增大，压力减小，进油阀打开，出油阀被油管内液柱压力关闭，井下原油经孔 b 流入环形腔 A。

　　设计特点：

　　（1）采用上、下柱塞形成环形腔 A 和只在上、下柱塞上装进出油阀，以达到在下冲程时进油阀关闭，实现液力反馈的目的。

　　（2）泵筒上没有阀，因此井下可不装泄油器，还可不动泵筒、油管进行井下测试和对稠油层注入热采蒸汽。

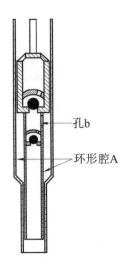

孔b

环形腔A

图 2—10　液力反馈抽稠油泵结构示意图

2.4.2.3　双向进油抽稠油泵

双向进油抽稠油泵（见图 2—11）与普通管式泵相比，在泵筒中部开有进油孔，柱塞为整体超长结构。

设计特点：

（1）柱塞上行时，其底部压力降低，进油阀打开，出油阀在油管内液柱压力作用下关闭。当长柱塞上行程超过泵筒中部开的进油孔 b 时，进油阀关闭。套管中的液体在沉没压力作用下从泵筒中部进油孔进入泵筒，一方面对泵筒进油孔下部泵筒没充满的空间进行补充，另一方面将泵筒进油孔下部泵筒空间的气体排出。柱塞下行时，只要柱塞表面将泵筒进油孔密封，柱塞出油阀即打开，泵筒进油孔下部的液体就从柱塞内孔排至油管。

（2）对稠油井、含气井使用双向泵虽然会损失一部分有效冲程，但与常规抽油泵相比，其泵效还是得到了大幅提高，其原因是泵筒中部开进油孔，改善了进油状况，提高了泵筒开孔下部的泵筒内腔的充满程度。该泵采用在泵筒上开孔，除了可以完成二次进油及排气功能外，还可以在不移动油管柱的情况下，对稠油井进行蒸汽吞吐，只要把超长柱塞提至油管中即可对稠油层实施蒸汽吞吐工艺。油管和套管通过泵筒上的二次进油孔相互连通，由于泵筒上开有的二次进油孔，井下可不装泄油器。使用这种泵，可降低油井修井费用。

进油孔b

图 2－11　双向进油抽稠油泵结构示意图

2.4.2.4　环流抽稠油泵

环流抽稠油泵的结构原理与液力反馈抽稠油泵相似，也是由两台不同泵径的抽油泵串联而成的（见图 2－12）。

技术特点：

（1）在液力反馈抽稠油泵的基础上增加了环流阀总成，增大了流道面积，缩短了井下原油进入环形腔 A 的路程，减少了液流阻力；既保留了液力反馈抽稠油泵的优点，又提高了泵的充满系数，更宜于抽汲稠油。

（2）井下可不装泄油器，不动管柱，只要将活塞总成提出，就能进行井下测试和对稠油层实施蒸汽吞吐工艺。但因增加了环流阀总成，使得泵的外形尺寸增大，只适用于 ϕ177.8 mm 及以上套管的稠油井。

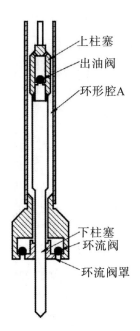

图 2-12 环流抽稠油泵结构示意图

2.4.2.5 VR-S 抽稠油泵

VR-S 抽稠油泵（见图 2-13）的设计特点是依靠机械力的作用迫使锥形阀开启，解决在抽汲稠油时阀球不能及时开启、与阀座不能形成可靠密封和球在阀罩中阻止稠油流动的一系列问题。因为不是依靠压差开启锥形阀，所以能较好地解决热采转抽的蒸汽锁和一般气锁问题，极大地提高了抽油泵的容积效率。另外，锥形阀的倒装、连接器与柱塞头的刮砂作用，也使这种泵在含砂较多的稠油井上能正常使用。

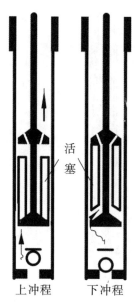

活塞

上冲程　　　下冲程

图 2-13　VR-S 抽稠油泵结构示意图

2.4.3　三元复合驱无间隙自适应防卡泵

三元复合驱是油田持续稳产的主要驱油技术。由于举升系统往往存在严重的结垢现象，容易导致偏磨、泵漏失量大、泵效低、频繁卡泵、抽油杆断脱等事故的发生，因此，相关研究单位研制了无间隙自适应防卡泵。该装置主要包括无间隙自适应柱塞泵和无间隙自适应刮削器两部分。

2.4.3.1　无间隙自适应柱塞泵

为充分减小漏失量，提高泵效，柱塞（或活塞）采用复合密封，以液压弹性密封为主、刚性密封为辅。液压弹性密封主要包括胶套和密封环，胶套套在柱塞芯外壁起到密封及传递压力的作用，密封环在上冲程有液压的过程中可以膨胀，紧压泵筒以实现密封，并且对泵筒内径具有自适应功能，不易砂卡及结垢。密封单元结构短，短柱塞本身具有不易卡泵的特点。无间隙自适应柱塞两端加有扶正器，可起到减小偏磨及刚性辅助密封的作用。柱塞芯与胶套间留有一定间隙，解决了胶套在高温油中溶胀后推动密封环紧压泵筒而导致载荷增大甚至卡泵的问题。无间隙自适应柱塞泵的结构如图 2-14 所示。

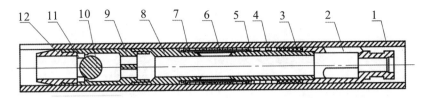

1—泵筒；2—上开口阀罩；3—调整环；4—扶正器；5—封套；6—密封环；7—胶套；
8—柱塞芯；9—下游动阀罩；10—阀球；11—下游动阀座；12—下游动阀座接头

图 2-14　无间隙自适应柱塞泵结构示意图

2.4.3.2　无间隙自适应刮削器

　　无间隙自适应刮削器的上、下接头连接在连杆之间，刮削器套在连杆上，刮削器可在两接头之间滑动。上连杆上端由抽油杆螺纹连接抽油杆，下接头由螺纹连接无间隙自适应柱塞泵。无间隙自适应刮削器的结构如图 2-15 所示。

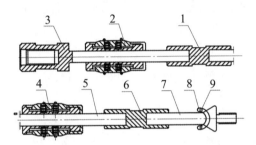

1—上连杆；2—上刮削器；3—上接头；4—下刮削器；5—中间连杆；
6—中间接头；7—下连杆；8—阻垢单向阀；9—流道

图 2-15　无间隙自适应刮削器结构示意图

　　刮削器主要由芯轴、限位块、扶正支撑体、刮削片、弹簧、压帽等组成（见图 2-16），3 个刮削片互成 120°，轴向错开一定距离，焊接在扶正支撑体上，以保证对泵筒周向 360° 内无死角刮垢。弹簧处于自由状态时，刮削器的外径大于泵筒内径；弹簧工作时，通过其径向压缩给泵筒内壁一定的压力，以实现对泵筒直径无间隙自适应刮垢。

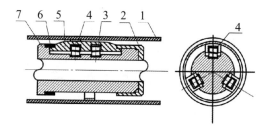

1—泵筒；2—压帽；3—弹簧；4—刮削片；5—扶正支撑体；6—限位块；7—芯轴

图 2-16 刮削器结构示意图

阻垢单向阀套在总成下连杆上，其上开有流体流道，可保证流体自由通过，上、下冲程过程中，其可在下接头与下连杆斜面之间滑动。

工作原理：上连杆上端接抽油杆，下连杆下端接无间隙自适应柱塞，上冲程时抽油杆带动整个无间隙自适应柱塞在泵筒内运动，刮削片有效刮除泵筒内壁上的垢，此时阻垢单向阀在下连杆接头斜面上，垢逐渐沉降到阻垢单向阀内，而不会继续下沉；下冲程时，抽油杆向下运动，而阻垢单向阀在井内液体浮力的作用下脱离下连杆斜面，此时其和下连杆之间有一定间隙，井内流体从此间隙流过阻垢单向阀流道，刮下来的垢颗粒随着井内流体流出井外（见图 2-17）。

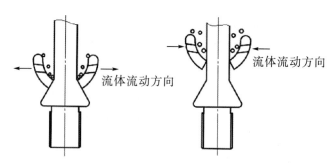

图 2-17 阻垢单向阀工作原理示意图

技术特点：

（1）无间隙自适应柱塞泵采用液压密封，使得柱塞对泵筒具有自适应性，上冲程无漏失，下冲程无摩阻，泵效高，可有效防止偏磨。

（2）无间隙自适应刮削器采用弹簧结构，使得刮削片对泵筒具有自适应性，可有效刮除柱塞运行上方的垢，有效防止卡泵的发生。

（3）采用阻垢单向阀可有效防止刮落的垢颗粒沉降，并使其随着井内流体流出井外。

（4）尤其适用于三元复合驱油井，可大大延长检泵周期，提高油井效益。

2.4.4 液气混抽强制排气抽油泵

高气油比油井因受到气体影响，会导致抽油泵充满度低。为了减少进泵气体，采用气锚分离出部分气体排到油套环空，通常能取得较好效果。气锚分离气体的效率与气油比有关，如果油井气油比很大、间歇出气量很大或者形成泡沫油，气锚分离气体的效果会受影响。即使在使用气锚后进泵气体量仍会很大，而泵不能及时排出气体。这样就会造成恶性循环。抽油泵因受气体影响而不能正常工作，每一个冲次不排液或者排液量很少时，会导致油井的实际产量达不到设计产量。2011年，我国研制成功的一种液气混抽强制排气抽油泵对高气油比油井有较好的采油效果。

2.4.4.1 结构和工作原理

液气混抽强制排气抽油泵（以下简称液气泵）的泵筒从下到上依次由长泵筒段、气包段和短泵筒段连接组成，固定阀、游动阀和泵柱塞与常规抽油泵相同。气包段为双层空腔结构，衬套上割有筛缝连通气包空腔与泵腔，只要能够保证长泵筒段、气包段和短泵筒段同心，气包段也可以不设置割缝衬套。

图2-18所示分别为液气泵在上、下冲程工作中柱塞所处的位置及固定阀和游动阀的开闭状态。

（1）上冲程如图2-18（a）所示，柱塞到达气包段之前，工作原理与常规抽油泵相同。

（2）气体进气包如图2-18（b）所示，柱塞下端面高于气包段下端面，气包空腔与泵内连通，泵内气体与气包内液体在密度差异的重力作用下对流，气体进入气包空腔并上升至空腔上部。

（3）上死点如图2-18（c）所示，泵筒内形成上气下液的分布。

（4）下冲程如图2-18（d）所示，柱塞向下运动，排挤泵腔内的气体到气包空腔内，直至柱塞下端面到达气液界面，这时气体全部进入气包空腔。

（5）气体出气包如图2-18（e）所示，柱塞继续向下运动，泵内压力继续升高，直至游动阀打开，泵开始排液。此时泵的工作情况与常规抽油泵完全充满液体时的情况相似。当柱塞上端面低于气包段上端面时，气包空腔与泵上连通，气包内气体与泵上液体对流，气体进入泵上油管内，泵上液体流入气包空腔。

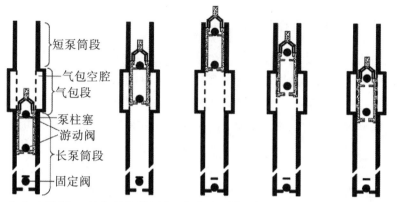

（a）上冲程　（b）气体进气包　（c）上死点　（d）下冲程　（e）气体出气包

图 2-18　液气泵工作原理示意图

由液气泵工作原理可以看出：进入泵的气体通过气包空腔排到泵上，气体不经过游动阀，避免了气体对打开游动阀的影响，能够强制排气。上冲程气体进入气包空腔置换出其中的液体，下冲程气体排到泵上，而泵上的液体进入气包空腔。上、下冲程过程中，气体从泵内排到泵上，是以泵上液体漏进泵腔为代价的，这是液气泵的一个缺陷。

2.4.4.2　分析

1. 液气泵的作用

由泵效理论来分析，常规抽油泵与液气泵的实际排量差别不大。由于液气泵特有的结构和工作原理，每个冲次都能排出一部分气体，可避免抽油泵气锁。通过强制排出进入泵内的气体，抽油泵可恢复排液功能。随着油井产量增加，气液滑脱现象减少，进泵气油比进一步降低，可使生产状态更加稳定。

2. 适宜的进泵气油比

如果进泵全部为气体，按照液气泵的工作原理，柱塞到达上死点时，气包空腔里的液体流入长泵筒段，气体进入气包，下冲程进入长泵筒的液体经游动阀排到泵上，液气泵在纯气的情况下仍然能够正常工作。

如果进泵全部为液体，气包空腔里的液体压力为泵出口压力，大于泵内液体压力，在上冲程连通时，压力趋于一致，有少量液体从气包空腔膨胀进泵，其他方面与常规抽油泵相同。因此，液气泵适宜的进泵气油比的情况是"有气则排，无气照常工作"。

3. 柱塞上死点位置对液气泵工作效果的影响

上死点时柱塞的位置对液气泵工作效果有很大影响。如果柱塞底端面处于气包段上部，气体在气包段按气包环空和泵腔截面积的比例进行分布。

如果上死点时柱塞底端面太高，进入短泵段，短泵段让出的体积被气体占据，这样就增加了下冲程压缩气体的行程，降低了泵效。

如果上死点时柱塞底端面低于气包段上部，能够增加进入气包空腔的气体比例，但气液对流时间短，效果不明显，如果柱塞底端面位于气包段下部，气液来不及对流，会影响气包段作用的发挥，如果柱塞底端面未进入气包段，则气包段不起作用，与常规抽油泵完全相同。由此可知，要求上死点时柱塞底端面处于气包段上部，如图 2-18 (c) 所示。

4. 液气泵井示功图的特点

由于气包环空截面积远大于泵腔截面积，大部分气体进入气包空腔，下冲程柱塞压缩泵内气体到达气液界面的行程大幅缩短，根据气油比情况，游动阀有可能在柱塞进入长泵筒段前打开。进入长泵筒段后，泵处于完全充满的状态，实测液气泵井示功图充满程度很高。由上述排量与泵效计算模型的分析可知，虽然泵充满程度高，但由于漏失量增加，泵的实际排量并不增加。上冲程柱塞底端面高于气包段时，气包空腔里的高压液体与泵腔连通，能在示功图上观察到载荷略微下降，这是判断上提防冲距是否合适的判断依据之一。

5. 泡沫油的影响

泡沫油气液难以进行分离，在泵内形成上气下液的分布状态不明显，这样会降低气体进入气包空腔的速度，影响液气泵的排液速度。但液气泵仍能强制排出气体，避免常规抽油泵气锁状态的发生。

6. 进泵气油比与气包段长度优化

气包段能够强制排气，同时也会造成漏失和能量损耗，根据进泵气油比，合理设置气包段长度非常必要。气包段长度要小于泵柱塞长度。

2.4.4.3　应用实例

胜利油田东辛地区盐 22 区块为低孔特低渗油藏，采用整体压裂方式投产，地面原油密度为 0.84 g/cm³，黏度为 18.5 mPa·s，饱和压力为 19.2 MPa，气油比为 149.6 m³/t。针对区块高气油比、低泵效的情况，先后在 8 口井上配套应用了组合气锚和伞形多级分离气锚，8 口井平均产量由 4.9 m³/d 上升为 5.3 m³/d，平均泵效由 20.20% 上升为 24.50%，8 口井使用气锚总体效果不明显。而在其中气油比约为 30 m³/t 的 YJN22-42 井和 YJN22-45 井上，分别使用组合气锚和伞形多级分离气锚取得了较好的效果。下面以气油比大于 50 m³/t 的 YJN22X48 井具体介绍使用液气泵的效果。由于高气油比导致泡沫的产生，动液面测试不够准确。

1. 常规抽油泵的生产情况

采用深抽工艺，下泵深度为 2400 m；采用常规 φ44 mm 抽油泵，未使用气锚；采用 φ25 mm 连续杆，冲程为 4.2 m，冲次为 3.5 次/min，日产液量为 4.8 t/d，日产气量为 411 m³/d，含水率为 6.5%，泵效率为 15%。套管的出气通过井口装置输入地面管线，日产气量包含套管产气量和油管产气量。该井经抽油泵产出液的气油比约为 50 m³/t。YJN22X48 井使用常规抽油泵采油实测示功图（2011-07-11）如图 2−19 所示。

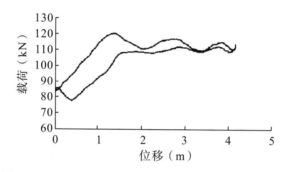

图 2−19 YJN22X48 井使用常规抽油泵采油实测示功图

由生产数据和图 2−19 可以看出：抽油泵受气体影响严重，下冲程卸载困难，有效排液冲程很短，上冲程加载缓慢，最大载荷高达 120 kN，按 D 级抽油杆强度计算，抽油杆应力范围比为 1.53，因此超出许用应力的强度要求。引起最大载荷过大的原因主要有：产量低、滑脱明显、泵上流体平均密度大；油井实际动液面远比测试得到的动液面深。

2. 液气泵的生产情况

在 YJN22X48 井使用液气泵采油，其他工艺参数与使用常规抽油泵时相同，投产后日产液量明显上升。YJN22X48 井使用液气泵采油实测示功图（2011-09-07）如图 2−20 所示，对应日产液量为 22.2 t/d，日产气量为 2417 m³/d，含水率为 7.5%，泵效率为 69%。

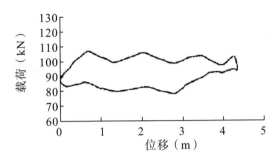

图 2−20 YJN22X48 井使用液气泵采油实测示功图

由图 2−20 可以看出，下冲程 0.7 m 后开始卸载，符合液气泵示功图特点，抽油泵充满程度较高，泵效大幅提高，最大载荷降为 107.3 kN，抽油杆应力范围比为 1.06。

3. 对比分析

YJN22X48 井使用液气泵采油前后日产液量与日产气量如图 2−21 和图 2−22 所示。2011 年 7 月 17 日前，采用常规抽油泵进行采油，之后由于气体影响而停产。2011 年 8 月 6 日开始，使用液气泵投产。

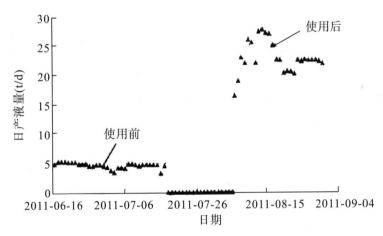

图 2−21 YJN22X48 井使用液气泵采油前后日产液量

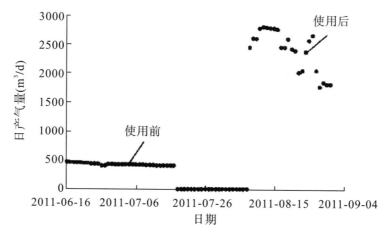

图 2-22 YJN22X48 井使用液气泵采油前后日产气量

由图 2-21、图 2-22 可以看出，油井产油量和产气量同期都大幅提高，其增产的机理在于用液气泵能够强制排出已经进入泵的气体，解决了常规抽油泵受气体影响严重的问题，实现了气液同步混抽。同时，由于产量增加，泵下、泵上气液滑脱现象减弱，泵上流体平均密度降低，液柱载荷减小，降低了抽油杆应力范围比。

盐 22 区块实施液气泵采油的油井生产数据见表 2-3。由表 2-3 的数据可以看出，含气量大的油井增产效果明显。其中，YJN22X48 井增产效果最明显；而日产气量小的井，例如 YJA925X2 井增产效果不明显。因为气包空腔具有强制排气的作用，能够缩短活塞压缩泵内气体的无效行程，所以液气泵对受气体影响严重的油井增产效果明显。

表 2-3 盐 22 区块实施液气泵采油的油井生产数据

井号	生产参数（mm）	日产液量（t/d）	日产油量（t/d）	日产气量（m³/d）	日增油量（t/d）
YJN22-43	44×6×2×2300	7.2	7.0	319	3.1
YJA921-12	44×4×3.4×22.5	14.3	4.9	56	3.1
YJA925X2	44×4.2×1.8×2000	2.1	1.6	28	0.1
YJN16X17	44×5×2×2000	21.3	2.9	—	0.7
YJN16X17	44×5×2×1800	17.5	2.9	195	0.4
YJN22X48	44×4.2×3.5×2400	19.6	17.6	1719	13.5

3 抽油机采油系统节能 产品配置优化选择方法

抽油机是油田的主要耗能设备，对整个油田的综合开发效益影响较大。正因如此，近几年来有关抽油机方面的节能技术、节能产品不断涌现，对油田的节能降耗工作起到了一定的推动作用。如果将多种节能产品同时应用在同一口抽油机井上能否获得线性叠加的节能效果？多种节能产品该如何配置才能取得最好的效益？为了解决这些问题，在采油标准评价试验井上开展抽油机采油系统节能产品配置优化选择方法的试验研究。

3.1 节能抽油机的选择

抽油机工作时要承受带冲击性的周期交变载荷，要求系统内的所有设备在保证带载启动时能克服抽油机较大的惯性矩，满足启动要求；在运行时有足够的过载能力，以克服交变载荷的最大扭矩要求。这就要求各种节能设备既要满足正常工作的需要，又要节电。为此，对大庆杏北油田在用五种节能抽油机的节电性能进行了初步测试，得到的评价结果见表 3-1。由表 3-1 可知，双驴头抽油机的节电效果较好。

表 3-1　抽油机节电性能对比

抽油机类型	主要结构特点	适用范围	节电率
双驴头抽油机	变参数四连杆，尾轴软连接	中低载荷、低冲次、平衡好	25.0%
偏轮抽油机	以偏轮为中心的六连杆	中高载荷、中低冲次、平衡好	28.9%
低矮型抽油机	双驴头、尾轴硬连接	低载荷、低冲次、平衡好	16.0%
塔架式抽油机	吊重平衡，钢丝摩擦传动	上下冲次、冲程连续可调	14.0%
摆杆式抽油机	曲柄一摆杆带动摇摆机构运动	中高载荷、中低冲次、平衡好	20.9%

本次试验选择的双驴头抽油机，是以常规型游梁式抽油机为基础模型，对

其四连杆机构进行技术改革，在特殊的曲线型游梁后臂、游梁与横梁之间采用柔性连接结构，以得到摇杆（游梁后臂）长度、连杆长度随曲柄转角的变化而变化的特殊四连杆机构，即变参数四连杆机构。抽油机工作时，依靠其游梁后臂有效长度的规律变化，实现负载大时平衡力矩大、负载小时平衡力矩小的工作状态，从而加强抽油机的平衡效果，减小曲柄净扭矩峰值，降低匹配电动机功率，达到节能目的。

为了与双驴头抽油机进行对比，本次试验选择了偏置式抽油机，其与常规型游梁式抽油机相比：一是将减速器后移，增大了减速器输出轴中心和游梁摆动中心之间的水平距离，形成了较大的极位夹角（即驴头处于上、下死点位置时连杆中心线之间的夹角）；二是平衡重重心与曲柄轴中心连线和曲柄销中心与曲柄轴中心连线之间构成一个夹角，即平衡相位角。

节能原理：由于偏置式抽油机具有较大的极位夹角，上冲程时曲柄转过的角度增加，下冲程时曲柄转过的角度减小，上冲程的时间大于下冲程的时间，上冲程时减小了加速度和动载荷。同时，平衡相位角改善了平衡效果，使电动机的消耗功率减少。

为了说明节能抽油机机械性能的先进性，在此分别对常规型游梁式抽油机（简称常规机）、偏置式抽油机（简称偏置机）和双驴头抽油机（简称双驴头机）进行了三种模拟工况试验，模拟工况条件基础数据见表3－2。

表3－2　模拟工况条件基础数据

项目	基础数据					冲程（m）	冲次（次/min）	抽抽杆直径（mm）	油管直径（mm）
	泵径（mm）	泵深（m）	沉没度（m）	含水率（%）	泵效（%）				
工况一	83	900	350	80	45	4.2	9	25	76
工况二	70	900	350	80	45	4.2	9	25×22	76
工况三	56	900	350	80	45	4.2	9	22×19	62

所选用的三种机型分别为 CYJ10-4.2-53HB（常规机）、CYJY10-4.2-53HB（偏置机）、YCYJ10-5-48HB（双驴头机）。不同工况下三种机型的扭矩特性参数对比见表3－3。

表3-3 不同工况下三种机型的扭矩特性参数对比

扭矩单位：kN・m

项目		最大净扭矩（T_{max}）		最小净扭矩（T_{min}）		平均扭矩（T_m）	扭矩指数ITE值	均方根扭矩（T_e）	周期载荷系数（F_{cl}）
		位置	数值	位置	数值				
工况一	常规机	45°	59.580	120°	-21.785	18.440	30.95%	32.246	1.74867
	偏置机	45°	47.157	120°	-12.524	18.040	38.25%	26.258	1.45571
	双驴头机	30°	29.435	360°	5.969	16.050	54.54%	17.665	1.10038
工况二	常规机	45°	45.037	120°	-19.525	13.160	29.21%	24.659	1.87426
	偏置机	45°	35.632	120°	-12.436	12.920	36.27%	19.927	1.54195
	双驴头机	30°	21.541	360°	4.959	11.390	52.87%	12.651	1.11090
工况三	常规机	45°	28.800	120°	-11.191	8.559	29.72%	15.550	1.81694
	偏置机	45°	22.563	120°	-6.530	8.453	37.46%	12.580	1.48820
	双驴头机	30°	14.612	105°	2.537	7.322	50.10%	8.278	1.13051

由表3-3可以看出，双驴头机的机械性能明显优于常规机和偏置机，具体体现在：

（1）最大净扭矩峰值下降幅度较大，与常规机相比平均下降50.84%，与偏置机相比平均下降37.74%。

（2）模拟计算结果表明，其结构设计（在平衡状态下）能够消除电动机做负功的现象，即最小净扭矩大于零。

（3）扭矩指数ITE值较高，三种模拟工况条件下的ITE值均大于50%。

（4）周期载荷系数与常规机和偏置机相比更接近于1。

由此可以推断，双驴头机与常规机、偏置机相比具有较好的节能效果，尤其是在载荷与机型相匹配的情况下，节能效果更好。

常规机、偏置机以及双驴头机在不同工况下的净扭矩曲线对比情况如图3-1所示。

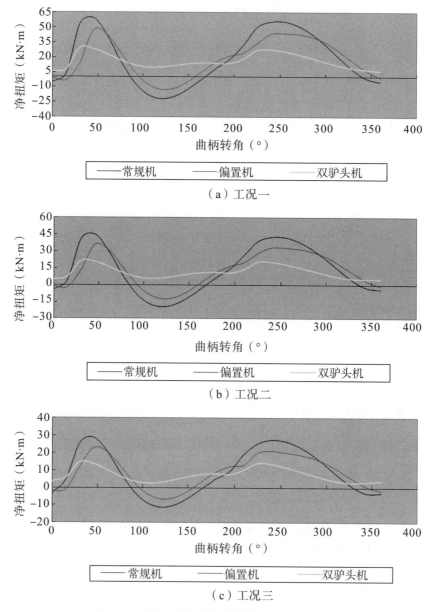

（a）工况一

（b）工况二

（c）工况三

图3-1　不同工况下三种机型的净扭矩曲线对比

3.2　节能电动机的选择

1999年，在3口不同模拟工况条件下的抽油机井上，对4类电动机的节电性能进行测试评价，结果见表3-4。由表3-4可知，CJT拖动装置的节电效果较好。

表3-4 4类电动机的节电性能对比

序号	电动机类别	特　点	节电率	价格（万元）
1	变频调速电动机	定子双绕组，降低容量，改善系统配合；但反馈电流需用放电电路释放	20%	1.639
2	高扭矩电动机	定子采用星三角混合绕组，启动转矩高，可减少电动机杂散损耗，提高电动机效率	18%	1.040
3	永磁同步电动机	转子损耗小，电动机效率比 Y 系列高 5%；但电动机特性硬，不能改善系统配合	18%	1.230
4	CJT 拖动装置	实际是超高转差率电动机与控制箱的结合，所需启动电流小、扭矩大	24%	1.430

本次试验选择了 YMJ 高扭矩电动机，该电动机定子绕组采用星三角混合绕组，启动时电动机的磁密高，启动扭矩大；运行时电磁负荷趋于正常。转子为铸铝材料，采用双层结构，一层为含磁材料的高阻层，另一层为纯铝层。在启动时频率低，转子高阻层起作用，加大启动扭矩；在运行时，两层导条同时起作用。

采用星三角混合绕组，可减少谐波磁势，从而减少电动机的杂散损耗，与同功率等级 Y 系列电动机相比，杂散损耗降低 2/3 以上，提高了电动机的效率。同时，由于采用星三角混合绕组，启动扭矩相当于提高一个等级以上功率的电动机的扭矩。YMJ 超高扭矩电动机与 Y 系列电动机特性曲线如图 3-2 所示。

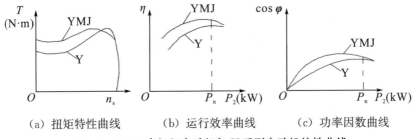

（a）扭矩特性曲线　　　（b）运行效率曲线　　　（c）功率因数曲线

图3-2 YMJ 高扭矩电动机与 Y 系列电动机特性曲线

由图 3-2 可以看出，在低负荷时，YMJ 高扭矩电动机的扭矩特性、运行效率和功率因数均高于 Y 系列电动机。

3.3 节能控制箱的选择

1999 年，在三种不同模拟工况条件下，电动机额定功率相同、产液量和动液面变化小的井上，对油田在用的 9 种节能控制箱（也称节电箱）进行综合对比评价，确定了节能控制箱的选型原则，具体结果见表 3-5。

表 3-5 8 种节能控制箱节电性能对比

序号	型号	价格（万元）	节电率（%）	性能价格比	厂家
1	FH-1	0.560	29.0	51.79	大庆风华电器厂
2	DJQ	0.730	25.2	34.52	沈阳精高自动化化工工程公司
3	QXY-55	0.470	26.2	55.74	哈尔滨德义电动机启动器厂
4	DVT-99-1A	0.493	21.6	43.81	大庆电器厂
5	CJX	0.500	20.7	41.40	大庆标准计量处仪表厂
6	DT98-IJ	0.630	28.6	45.40	哈尔滨蓝波高技术开发有限公司
7	DT98-IBJ	0.450	25.3	56.22	
8	CJDX-1	0.468	26.2	55.98	大庆华能节电技术服务处
9	CJW	0.250	18.4	73.60	大庆天威电控厂

由表 3-5 可以看出，试验选用的可控硅调压节电控制箱（FH-1 型、DVT-99-1A 型、CJX 型、CJDX-1 型、CJW 型）硬件采用微处理器和可控硅模块，软件方面根据理论和实验数据建立一组专用样条函数。其工作原理是通过对异步电动机的电压和电流进行采样、处理，实时跟踪负载变化，按照控制软件样条函数曲线调整电动机的输入电压和电流，动态控制输向电动机的电流波形，使电压和电流始终处于最优值，电动机保持在最佳节电状态下运行。根据可控硅调压节电控制箱的工作原理，抽油机负载波动较大时节电效果更好，电动机在不正常状态下运行时（如空载、轻载状态）节电效果更加明显。

试验选用的星角转换节电控制箱（DJQ 型、QXY-55 型、DT98-IJ 型、DT98-IBJ 型），当抽油机启动时，控制箱使电动机处于△连接，电动机定子两端的电压为 380 V，可满足大扭矩启动的要求。当工况稳定后，控制箱使电动机处于 Y 连接，定子两端的电压为 220 V，由此提高电动机的负载率，减小电动机的内部损耗，达到节电目的。

3.4 节能组合产品的选择

节能组合产品试验选择了 10 种抽油机节能组合产品，共测试 76 个工况点。在抽油机设计载荷能力范围内，通过改变动液面的深度改变不同组合状态下的工况点。每测一个工况点须将平衡度调整到 85% 以上，并控制动液面基本不变。计量产液量的同时，开始测试输入端电参数，并在开始后和结束前的稳定工况下分别测一次动液面和示功图，取其平均值作为该工况的测试参数。取测试结果绘制系统效率随举升高度变化的曲线（即 H—η 曲线）。本次试验的抽油机节能组合产品的状态及工况参数见表 3−6。

表 3−6 抽油机节能组合产品的状态及工况参数

机型	CYJY10-3-37HB（偏置机）	YCYJ8-3-26HB（双驴头机）	冲程（m）	冲次（次/min）	液面深度（m）
组合	偏置机＋Y 系列普通电动机＋普通控制箱（装机功率 37 kW）	双驴头机＋Y 系列普通电动机＋普通控制箱（装机功率 15 kW）	3.0	6	200
	偏置机＋Y 系列普通电动机＋星角转换节电箱（装机功率 37 kW）	双驴头机＋Y 系列普通电动机＋星角转换节电箱（装机功率 15 kW）		6.5	400
	偏置机＋原配普通控制箱＋YMJ 高扭矩电动机（装机功率 22 kW）	双驴头机＋Y 系列普通电动机＋YMJ 高扭矩电动机（装机功率 11 kW）		7	600
	偏置机＋Y 系列普通电动机＋可控硅调压节电箱（装机功率 37 kW）	双驴头机＋Y 系列普通电动机＋可控硅调压节电箱（装机功率 15 kW）		9	800
	偏置机＋YMJ 高扭矩电动机＋可控硅调压节电箱（装机功率 22 kW）	双驴头机＋YMJ 高扭矩电动机＋可控硅调压节电箱（装机功率 11 kW）			

3.4.1 抽油机节电效果对比分析

两种型号抽油机原配机组标准试验井测试数据见表 3−7、表 3−8。

表3-7 CYJY10-3-37HB原配机（偏置机）组标准试验井测试数据

机型参数	测试点	实测冲次(次/min)	日产液量(t/d)	举升高度(m)	平均有功功率(kW)	悬点最大载荷(kN)	有效功率(kW)	功率因数	功率利用率(%)	平衡度(%)	排量系数(%)	百米吨液耗电[kW·h/(100m·t)]	系统效率(%)
装机功率：37 kW 泵挂：1200 m 泵径：φ56 mm 使用冲程：3.0 m 使用冲次：6 次/min，9 次/min 试验介质：水	1	6.22	60.12	223	5.263	54.10	1.521	0.171	14.2	105.7	90.9	0.942	28.9
	2	6.22	59.37	432	6.363	58.64	2.910	0.196	17.2	106.2	89.8	0.595	45.7
	3	6.21	57.91	679	7.659	64.68	4.462	0.235	20.7	98.5	87.7	0.467	58.2
	4	6.22	57.23	802	7.954	71.06	5.209	0.243	21.5	89.8	86.5	0.416	65.5
	1	9.26	90.37	240	7.407	59.62	2.461	0.250	20.0	107.5	91.8	0.820	33.2
	2	9.25	88.50	408	9.003	64.85	4.097	0.303	24.3	96.3	90.0	0.598	45.5
	3	9.21	87.66	634	11.11	69.87	6.307	0.324	30.0	84.1	89.5	0.480	56.8
	4	9.21	86.11	801	12.39	74.86	7.827	0.385	33.5	94.8	87.9	0.431	63.2

表3-8 YCYJ8-3-26HB原配机（双驴头机）组标准试验井测试数据

机型参数	测试点	实测冲次(次/min)	日产液量(t/d)	举升高度(m)	平均有功功率(kW)	悬点最大载荷(kN)	有效功率(kW)	功率因数	功率利用率(%)	平衡度(%)	排量系数(%)	百米吨液耗电[kW·h/(100m·t)]	系统效率(%)
装机功率：15 kW 泵挂：1200 m 泵径：φ56 mm 使用冲程：3.0 m 使用冲次：7 次/min，9 次/min 试验介质：水	1	7.15	65.78	218	5.122	5.30	1.627	0.362	34.1	109.7	86.5	0.857	31.8
	2	7.14	64.47	406	6.250	54.77	2.970	0.431	41.7	101.5	85.0	0.573	47.5
	3	7.09	63.78	586	7.531	57.87	4.241	0.522	50.2	97.6	84.6	0.484	56.3
	4	7.06	61.46	766	9.160	60.91	5.342	0.566	61.1	102.7	81.9	0.467	58.3
	1	9.21	84.99	207	6.219	54.22	1.996	0.398	41.5	101.9	86.8	0.848	32.1
	2	9.16	82.98	426	8.758	60.31	4.011	0.527	58.4	82.1	85.2	0.595	45.8
	3	9.10	81.35	595	10.89	64.41	5.492	0.600	72.6	85.9	84.1	0.540	50.4
	4	9.08	78.35	805	13.39	67.31	7.15	0.665	89.3	87.3	81.2	0.510	53.4

绘制的 H—η 曲线如图 3-3 所示。

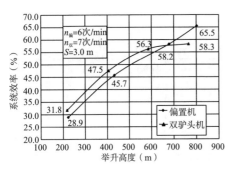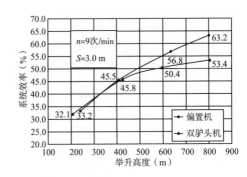

图 3-3 偏置机与双驴头机的 H—η 曲线

由表 3-7、表 3-8 和图 3-3 可以很直观地看出，轻载时（即举升高度低时）双驴头机的系统效率要高于偏置机。冲次分别为 6 次/min 和 7 次/min 且举升高度不超过 680 m 时，双驴头机的系统效率比偏置机高出 2～4 个百分点。但当举升高度超过 600 m 后，随举升高度的增加双驴头机系统效率开始趋于稳定，而偏置机系统效率仍继续增加。在举升高度为 800 m 时偏置机系统效率反而高出双驴头机 8 个百分点之多。冲次为 9 次/min 的工况测试结果与此类似，只是在举升高度超过 360 m 时双驴头机系统效率开始增长缓慢，在举升高度为 600～800 m 时系统效率低于偏置机 5～10 个百分点。由表 3-8 可以看出，上述现象即双驴头机系统效率增长缓慢均发生在平均功率利用率大于 50% 的情况下。这表明双驴头机（使用普通电动机）功率利用率达到 50% 后运行环境开始恶化，节能效果显著降低。

试验时由于条件所限，偏置机的功率利用率均未超过 50%，最高为 33.5%。但可以确定的是：抽油机在解决"大马拉小车"的问题时，并不是在保证正常启动的条件下功率配备越小越节能，而应考虑功率利用率上限，当功率利用率达到 50% 以后，电动机运行状况会恶化，系统效率会下降，能耗会上升，不仅达不到节电的目的，长期运行还可能烧毁电动机。

3.4.2 偏置机组合分析

这里使用型号为 CYJY10-3-37HB 的偏置机进行各种节能组合产品的试验。

3.4.2.1 偏置机+YMJ 高扭矩电动机

本次试验使用的 YMJ 高扭矩电动机铭牌功率为 22 kW，取代偏置机原配的 37 kW 的 Y 系列普通电动机。偏置机+YMJ 高扭矩电动机的标准试验井测试数据见表3-9。

表3-9 偏置机＋YMJ高扭矩电动机的标准试验井测试数据

机型参数	测试点	实测冲次(次/min)	日产液量(t/d)	举升高度(m)	平均有功功率(kW)	悬点最大载荷(kN)	有效功率(kW)	功率因数	功率利用率(%)	平衡度(%)	排量系数(%)	百米吨液耗电[kW·h/(100m·t)]	系统效率(%)
装机功率：22 kW 泵挂：1200 m 泵径：φ56 mm 使用冲程：3.0 m 使用冲次：6次/min，9次/min 试验介质：水	1	6.18	59.74	192	4.296	51.05	1.302	0.223	19.5	107.7	90.9	0.899	30.3
	2	6.17	57.84	453	5.821	56.25	2.973	0.289	26.5	97.2	88.2	0.533	51.1
	3	6.12	56.54	610	6.741	59.32	3.913	0.325	30.6	92.5	86.9	0.469	58.1
	4	6.05	55.19	809	7.639	61.68	5.066	0.363	34.7	93.5	85.8	0.410	66.3
	1	9.28	89.10	247	6.907	57.25	2.497	0.347	31.4	91.0	90.3	0.753	36.2
	2	9.22	88.32	405	8.565	61.30	4.089	0.411	38.9	82.0	90.1	0.575	47.7
	3	9.13	86.30	608	10.000	66.49	5.954	0.461	45.5	90.2	88.9	0.457	59.5
	4	9.04	84.34	811	11.990	69.82	7.761	0.502	54.5	95.3	87.8	0.421	64.7

绘制相应的 $H-\eta$ 曲线，如图3-4所示。

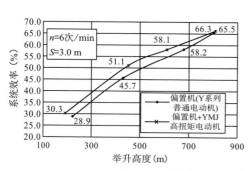 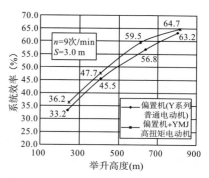

图3-4 偏置机配置不同电动机的 $H-\eta$ 曲线

由表3-9和图3-4可以看出，配置YMJ高扭矩电动机的抽油机组的节能范围几乎覆盖了整个测试范围，系统效率较原配机组提高1~4个百分点；当举升高度增至800 m时，系统效率与原配机组相差无几，而在此之前，系统效率一直高于原配机组2~3个百分点。分析其原因主要在于：①YMJ高扭矩电动机降低了抽油机的装机功率，提高了负荷率；②电动机内部为星三角混合绕组，运行得到优化。

3.4.2.2 偏置机＋星角转换节电箱

偏置机＋星角转换节电箱的标准试验井测试数据见表3-10。

表 3-10 偏置机＋星角转换节电箱的标准试验井测试数据

机型参数	测试点	实测冲次(次/min)	日产液量(t/d)	举升高度(m)	平均有功功率(kW)	悬点最大载荷(kN)	有效功率(kW)	功率因数	功率利用率(%)	平衡度(%)	排量系数(%)	百米吨液耗电[kW·h/(100m·t)]	系统效率(%)
装机功率：37 kW 泵挂：1200 m 泵径：φ56 mm 使用冲程：3.0 m 使用冲次：6 次/min，9 次/min 试验介质：水	1	6.18	59.80	233	4.057	52.38	1.581	0.651	11.0	119.0	91.0	0.699	39.0
	2	6.18	58.94	401	5.258	55.66	2.682	0.673	14.2	97.7	89.7	0.534	51.0
	3	6.16	57.81	586	6.392	59.97	3.844	0.682	17.3	95.8	88.3	0.453	60.1
	4	6.15	56.34	778	7.582	64.45	4.973	0.699	20.5	89.8	86.2	0.415	65.6
	1	9.23	89.02	242	6.645	59.38	2.444	0.585	18.0	107.7	90.7	0.740	36.8
	2	9.20	88.10	427	8.828	64.53	4.269	0.683	23.9	82.4	90.1	0.563	48.4
	3	9.14	86.26	612	10.750	69.00	5.990	0.646	29.1	80.8	88.8	0.489	55.7
	4	9.20	85.31	836	12.390	75.20	8.093	0.436	33.5	85.9	87.2	0.416	65.3

绘制相应的 $H-\eta$ 曲线，如图 3-5 所示。

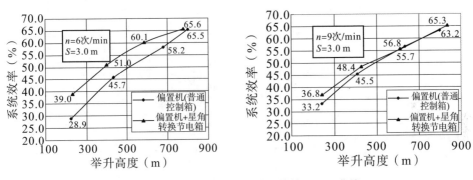

图 3-5 偏置机配置不同控制箱的 $H-\eta$ 曲线

由表 3-10 和图 3-5 可以看出，偏置机功率利用率不足 20% 时节能效果显著，此时系统效率较原配机组高 3~10 个百分点，在举升高度达到780 m 时功率利用率超过 20%，节电效果变差，甚至不节电；而当功率利用率大于 30% 后，电动机进入角连接运行，此时搭配星角转换节电箱与普通控制箱的抽油机组节电效果相同。因此，星角转换节电箱适合在功率利用率小于 20% 的抽油机上使用，节电效果明显。

3.4.2.3 偏置机＋可控硅调压节电箱

偏置机＋可控硅调压节电箱的标准试验井测试数据见表 3-11。

表 3—11　偏置机＋可控硅调压节电箱的标准试验井测试数据

机型参数	测试点	实测冲次(次/min)	日产液量(t/d)	举升高度(m)	平均有功功率(kW)	悬点最大载荷(kN)	有效功率(kW)	功率因数	功率利用率(%)	平衡度(%)	排量系数(%)	百米吨液耗电[kW·h/(100m·t)]	系统效率(%)
装机功率：37 kW 泵挂：1200 m 泵径：φ56 mm 使用冲程：3.0 m 使用冲次：6 次/min，9 次/min 试验介质：水	1	6.20	59.73	245	4.769	52.11	1.661	0.244	12.9	108.5	90.6	0.782	34.8
	2	6.19	59.66	378	5.656	55.99	2.559	0.268	15.3	96.7	90.6	0.602	45.2
	3	6.19	58.03	583	6.819	59.32	3.839	0.284	18.4	107.7	88.5	0.484	56.3
	4	6.16	56.20	781	8.253	64.57	4.981	0.319	22.3	94.5	85.8	0.451	60.3
	1	9.26	90.22	206	6.429	57.16	2.109	0.270	17.4	109.9	91.7	0.830	32.8
	2	9.25	89.41	407	8.637	60.72	4.129	0.345	23.1	89.0	90.9	0.570	47.8
	3	9.25	86.54	629	10.580	67.05	6.177	0.381	28.6	95.8	88.0	0.466	58.4
	4	9.23	84.04	835	12.360	73.47	7.963	0.405	33.4	91.2	85.6	0.423	64.4

绘制相应的 H—η 曲线，如图 3—6 所示。

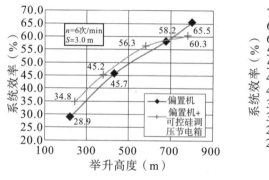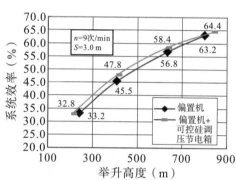

图 3—6　偏置机配置可控硅调压节电箱前后的 H—η 曲线

由表 3—11 和图 3—6 可以看出，可控硅调压节电箱的节能效果范围较宽。偏置机在轻载运行时使用可控硅调压节电箱的系统效率较原配机组提高 1.5～3 个百分点；重载时不节电。

3.4.2.4　偏置机＋YMJ 高扭矩电动机＋可控硅调压节电箱

偏置机＋YMJ 高扭矩电动机＋可控硅调压节电箱的标准试验井测试数据见表 3—12。

表 3−12　偏置机＋YMJ 高扭矩电动机＋可控硅调压节电箱的标准试验井测试数据

机型参数	测试点	实测冲次（次/min）	日产液量（t/d）	举升高度（m）	平均有功功率（kW）	悬点最大载荷（kN）	有效功率（kW）	功率因数	功率利用率（%）	平衡度（%）	排量系数（%）	百米吨液耗电 [kW·h/(100m·t)]	系统效率（%）
装机功率：22 kW 泵挂：1200 m 泵径：φ56 mm 使用冲程：3.0 m 使用冲次：6 次/min，9 次/min 试验介质：水	1	6.18	59.05	210	4.502	51.44	1.407	0.193	20.5	91.6	89.9	0.871	31.3
	2	6.15	57.18	433	5.814	56.94	2.809	0.269	26.4	90.6	87.5	0.564	48.3
	3	6.15	56.43	589	6.656	60.60	3.771	0.331	30.3	112	86.3	0.481	56.7
	4	6.16	54.90	797	7.849	66.68	4.965	0.378	35.7	114	83.8	0.431	63.3
	1	9.24	89.54	224	6.483	57.56	2.276	0.302	29.5	79.9	91.2	0.776	35.1
	2	9.20	88.71	415	8.471	62.49	4.160	0.394	38.5	75.3	90.3	0.555	49.1
	3	9.19	86.55	616	10.140	68.64	6.050	0.422	46.1	71.6	88.6	0.456	59.7
	4	9.17	84.36	822	12.040	72.58	7.869	0.488	54.7	88.8	86.6	0.417	65.4

绘制相应的 H—η 曲线，如图 3−7 所示。

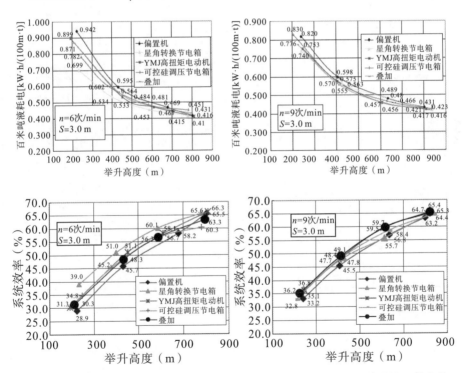

图 3−7　偏置机分别配置星角转换节电箱、YMJ 高扭矩电动机、可控硅调压节电箱及叠加的 H—η 曲线

由表 3-12 和图 3-7 可以看出，偏置机与 YMJ 高扭矩电动机、可控硅调压节电箱叠加使用时的节电效果不是单独使用 YMJ 高扭矩电动机、可控硅调压节电箱时节电效果的线性叠加，叠加使用其节能幅值只相当于各单项中某一项的幅值，某些测试点甚至低于单项效果。由此可见，针对抽油机拖动设备而研制的配套节能产品，原则上不宜叠加在一起使用。

3.4.3 双驴头机组合分析

这里使用型号为 YCYJ8-3-26HB 的双驴头机进行各种节能组合产品试验。

3.4.3.1 双驴头机+YMJ 高扭矩电动机

本次试验使用的 YMJ 高扭矩电动机铭牌功率为 11 kW，替换双驴头机原配的 15 kW 的 Y 系列电动机。在双驴头机上加装 YMJ 高扭矩电动机的测试结果与偏置机加装 YMJ 高扭矩电动机的测试结果类似。双驴头机+YMJ 高扭矩电动机的标准试验井测试数据见表 3-13。

表 3-13 双驴头机+YMJ 高扭矩电动机的标准试验井测试数据

机型参数	测试点	实测冲次(次/min)	日产液量(t/d)	举升高度(m)	平均有功功率(kW)	悬点最大载荷(kN)	有效功率(kW)	功率因数	功率利用率(%)	平衡度(%)	排量系数(%)	百米吨液耗电[kW·h/(100m·t)]	系统效率(%)
装机功率：11 kW 泵挂：1200 m 泵径：φ56 mm 使用冲程：3.0 m 使用冲次：6.5次/min，9次/min 试验介质：水	1	6.59	60.78	196	4.164	48.58	1.352	0.314	37.9	113.2	86.8	0.839	32.5
	2	6.58	59.01	376	5.070	51.87	2.518	0.365	46.1	107.3	84.3	0.548	49.7
	3	6.55	56.97	589	6.168	55.25	3.808	0.434	60.2	102.7	81.8	0.473	57.5
	4	6.52	56.17	792	7.866	58.12	5.048	0.504	71.5	94.7	81.1	0.424	64.2
	1	9.41	85.75	234	6.494	55.20	2.277	0.396	57.1	100.3	85.7	0.777	35.1
	2	9.40	85.48	426	8.852	58.27	4.132	0.527	80.5	84.2	85.5	0.583	46.7
	3	9.33	83.76	601	10.210	60.48	5.712	0.590	92.8	87.4	84.5	0.486	55.9
	4	9.32	81.04	790	12.200	62.02	7.265	0.650	110.9	88.3	81.8	0.457	59.5

绘制相应的 $H—\eta$ 曲线，如图 3-8 所示。

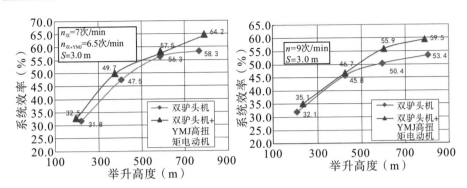

图 3-8 双驴头机+YMJ 高扭矩电动机前后的 $H{-}\eta$ 曲线

由表 3-13 和图 3-8 可以看出，当功率利用率超过 50% 后，双驴头机原配机组的系统效率增长缓慢，而加装 YMJ 高扭矩电动机的双驴头机的系统效率仍有增大的趋势，系统效率提高 3~6 个百分点。之所以 YMJ 高扭矩电动机有较强的过载能力，是因为 YMJ 高扭矩电动机标称额定功率值与实测电动机的容量相差一个功率等级。

3.4.3.2 双驴头机+星角转换节电箱

双驴头机+星角转换节电箱的标准试验井测试数据见表 3-14。

表 3—14 双驴头机＋星角转换节电箱的标准试验井测试数据

机型参数	测试点	实测冲次 (次/min)	日产液量 (t/d)	举升高度 (m)	有功功率 (kW)	悬点最大载荷 (kN)	有效功率 (kW)	功率因数	功率利用率 (%)	平衡度 (%)	排量系数 (%)	百米吨液耗电 [kW·h/(100m·t)]	系统效率 (%)	备注
装机功率：15 kW 泵挂：1200 m 泵径：φ56 mm 使用冲程：3 m 使用冲次：7 次/min；9 次/min 试验介质：水	1	7.00	63.21	254	5.142	50.98	1.822	0.687	34.4	110.4	84.9	0.769	35.4	运行 Y 接法
	2	6.85	60.85	410	6.433	53.89	2.831	0.788	42.9	97.9	83.6	0.619	44.0	运行 Y 接法
	3	6.95	61.37	600	7.831	57.55	4.178	0.736	52.2	91.2	83.0	0.510	53.4	临界点
	4	7.06	59.63	844	9.668	65.44	5.711	0.755	64.5	103.5	79.4	0.461	59.1	运行 △接法

绘制相应的 $H—\eta$ 曲线，如图3-9所示。

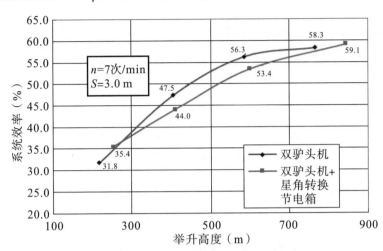

图3-9　双驴头机配置星角转换节电箱前后的 $H—\eta$ 曲线

由表3-14和图3-9可以看出，双驴头机配置星角转换节电箱后功率利用率大于20%，没有节电效果。当冲次为9次/min时，星角转换节电箱不能实现转换，只能运行△接法，因此没有测试数据。

3.4.3.3　双驴头机＋可控硅调压节电箱

双驴头机＋可控硅调压节电箱的标准试验井测试数据见表3-15。

表3-15　双驴头机＋可控硅调压节电箱的标准试验井测试数据

机型参数	测试点	实测冲次(次/min)	日产液量(t/d)	举升高度(m)	平均有功功率(kW)	悬点最大载荷(kN)	有效功率(kW)	功率因数	功率利用率(%)	平衡度(%)	排量系数(%)	百米吨液耗电[kW·h/(100m·t)]	系统效率(%)
装机功率：15 kW 泵挂：1200 m 泵径：ϕ56 mm 使用冲程：3.0 m 使用冲次：7次/min，9次/min 试验介质：水	1	7.12	65.36	211	4.697	53.13	1.565	0.358	31.3	108.4	86.3	0.817	33.3
	2	7.11	64.22	422	6.069	57.85	3.075	0.448	40.5	96.5	85.0	0.537	50.7
	3	7.09	62.56	600	7.368	61.77	4.259	0.534	49.1	94.9	83.1	0.471	57.8
	4	7.08	61.86	775	8.823	64.34	5.440	0.577	58.8	87.6	82.1	0.442	61.7
	1	9.20	83.78	215	6.248	57.01	2.044	0.422	41.7	95.9	85.6	0.832	32.7
	2	9.16	81.74	436	8.687	62.38	4.044	0.537	57.9	83.7	84.0	0.585	46.6
	3	9.10	81.48	609	10.340	64.19	5.631	0.602	68.9	90.6	84.2	0.500	54.5
	4	9.06	79.75	803	12.020	66.38	7.267	0.646	80.1	91.5	82.8	0.450	60.5

绘制相应的 H—η 曲线，如图 3—10 所示。

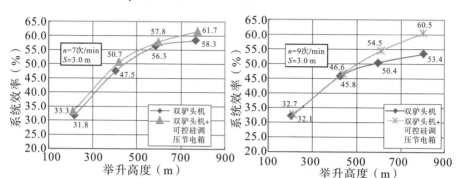

图 3—10　双驴头机配置可控硅调压节电箱前后的 H—η 曲线

由表 3—15、图 3—10 可以看出，双驴头机配置可控硅调压节电箱后，由于装机功率偏小，负载率高，正常区间节能效果不明显。但当功率利用率大于 50% 时，节能效果却明显增大，系统效率可提高 3~7 个百分点。分析其原因，主要有以下几个：

（1）此时电动机处于严重超载运行的不正常状态，通过节电箱优化调整控制，电动机损耗下降，效率提高。

（2）双驴头机原配机组配备的电动机过小，原配机组效率较低，当配置可控硅调压节电箱后，电动机运行状况发生变化，效率反而有所提高。这与双驴头机配置 YMJ 高扭矩电动机的试验情况相似。

3.4.3.4　双驴头机＋YMJ 高扭矩电动机＋可控硅调压节电箱

双驴头机＋YMJ 高扭矩电动机＋可控硅调压节电箱的标准试验井测试数据见表 3—16。

表3-16　双驴头机＋YMJ高扭矩电动机＋可控硅调压节电箱的标准试验井测试数据

机型参数	测试点	实测冲次(次/min)	日产液量(t/d)	举升高度(m)	平均有功功率(kW)	悬点最大载荷(Kn)	有效功率(kW)	功率因数	功率利用率(%)	平衡度(%)	排量系数(%)	百米吨液耗电[kW·h/(100m·t)]	系统效率(%)
装机功率：11 kW 泵挂：1200 m 泵径：φ56 mm 使用冲程：3.0 m 使用冲次：6.5次/min，9次/min 试验介质：水	1	6.60	59.85	226	4.309	52.15	1.535	0.324	39.2	101.1	85.3	0.765	35.6
	2	6.59	59.41	386	5.087	53.99	2.602	0.401	46.2	94.8	84.9	0.532	51.1
	3	6.55	57.05	599	6.786	58.62	3.878	0.481	61.7	94.6	81.9	0.477	57.1
	4	6.54	56.17	806	8.457	61.41	5.137	0.577	76.9	91.6	80.8	0.448	60.7
	1	9.42	86.46	210	6.599	53.40	2.060	0.424	60.0	101.4	86.3	0.872	31.2
	2	9.38	85.28	451	9.326	59.11	4.364	0.551	84.8	86.8	85.5	0.582	46.8
	3	9.33	83.09	602	10.670	62.57	5.676	0.608	97.0	92.3	83.8	0.512	53.2
	4	9.28	80.10	834	13.120	65.63	7.580	0.667	119.3	92.4	81.2	0.471	57.8

绘制相应的 H—η 曲线，如图3-11所示。

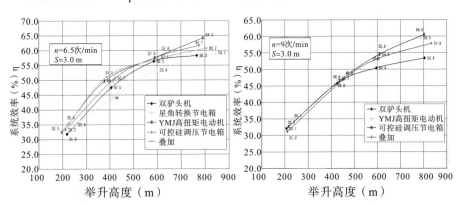

图3-11　双驴头机分别配置YMJ高扭矩电动机、可控硅调压节电箱及叠加的 H—η 曲线

由表3-16、图3-11可以看出，双驴头机分别配置YMJ高扭矩电动机、可控硅调压节电箱叠加使用时的节电效果与偏置机相似，叠加使用时其节能幅值只相当于各单项节能产品中某一项的幅值，某些测试点甚至低于单项节能产品的效果。

3.4.4　总体评价

将单项节能产品与偏置机和双驴头机分别配置对比，结果如图3-12所示。

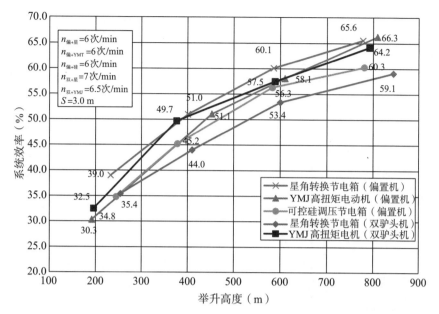

图 3-12　单项节能产品与偏置机和双驴头机单独匹配的 $H—\eta$ 曲线

由图 3-12 可以看出，在轻载荷条件下，偏置机＋星角转换节电箱的节电效果最好，其次为双驴头机＋YMJ 高扭矩电动机；其他组合产品都有一定节能效果，双驴头机＋星角转换节电箱的节电效果最差。

将偏置机和双驴头机与可控硅调压节电箱、YMJ 高扭矩电动机相匹配，得到不同冲次条件下的 $H—\eta$ 曲线，如图 3-13 所示。

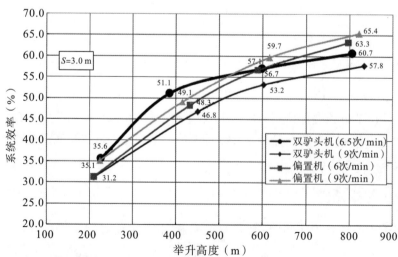

图 3-13　配置可控硅调压节电箱＋YMJ 高扭矩电动机的偏置机和双驴头机在不同冲次条件下的 $H—\eta$ 曲线

由图 3-13 可以看出，双驴头机（6.5 次/min）的组合系统效率高于双驴头机（9 次/min）的组合系统效率 3~4 个百分点，最佳工作区域为举升高度220~600 m。

偏置机（9 次/min）的组合系统效率高于偏置机（6 次/min）的组合系统效率 1~2 个百分点，曲线趋势基本一致，与双驴头机对比最佳工作区域为举升高度大于 520 m 以上部分。

节能抽油机、节能电动机和节能控制箱的共同特点：多在电动机的电参数上进行改进或优化，即提高电动机的负载率，降低电动机的损耗，提高电动机的运行效率；叠加使用时功能重复而互补性低，效果与单独使用时相差不大。

在实际应用中，选用一种节能产品，可提高电动机的负载率，减小电动机的损耗，提高运行效率，达到节能目的。如果选用两种或两种以上节能产品叠加使用，则可能出现两种情况：一种是电动机的负载率已达到临界值，只有一种节能装置起作用，如 YMJ 高扭矩电动机+可控硅调压节电箱；另一种是当电动机的负载率已达到临界值再进行调压，反而使电动机的内部损耗增加，降低电动机效率，增加损耗，如双驴头机+星角转换节电箱。由以上分析可以得出结论：目前，用于抽油机的节能产品，最好单独使用，不宜叠加。

3.4.5　电动机节能控制装置的节能原理

电动机节能控制装置主要以调整电动机的输入电压来达到节能目的。从节能原理上看，电动机调压装置主要有三种，可控硅交流调压、星角变换调压和定子回路串电抗器调压。

电动机的损耗主要包括定子铁损 P_T、定子铜损 P_D、转子铜损 P_r 和附加损耗 P_f。这些损耗随着电动机运行电压的变化而变化。假设电动机的运行电压由额定电压 U_e 变为 U_2，上述各种损耗的损耗差分别为 ΔP_T、ΔP_D、ΔP_r 和 ΔP_f。

（1）定子铁损损耗差：

$$\Delta P_T = P_{Te} \cdot (1 - K_U^2) \tag{3-1}$$

式中：ΔP_T——定子铁损损耗差，kW；

P_{Te}——电动机定子额定铁损，kW；

K_U——电压比值，$K_U = U_e/U_2$；

U_e——电动机额定电压，V；

U_2——变化后的电压，V。

（2）定子铜损损耗差：

$$\Delta P_D = P_{De} \cdot \left(1 - \frac{\beta^2}{K_U^2}\right) \tag{3-2}$$

式中：ΔP_D——定子铜损损耗差，kW；

P_{De}——电动机额定铜损，kW；

β——电动机负载率。

（3）转子铜损损耗差 ΔP_r：

$$\Delta P_r = P_e \cdot S_e \cdot \left(1 - \frac{\beta^2}{K_U^2}\right) \tag{3-3}$$

式中：ΔP_r——转子铜损损耗差，kW；

P_e——电动机额定功率，kW；

S_e——电动机额定转差率。

（4）附加损耗差 ΔP_f：

$$\Delta P_f = 0.01 P_e \cdot \left(1 - \frac{\beta^2}{K_U^2}\right) \tag{3-4}$$

式中：ΔP_f——附加损耗差，kW。

由式（3-1）~式（3-4）可以看出，电动机的损耗大小与输入电压的比值和负载率有关。当运行电压较低时，电动机的定子铁损减少，而在负载率一定的情况下，运行电压较低时，电动机的定子铜损、转子铜损和杂散损耗总和将增大；在运行电压不变的情况下，负载率越高，上述三种损耗之和越大；只有运行电压为某一恰当值时，电动机的总损耗才能达到最小。

根据电动机理论，可以得到电动机的总损耗 $\sum P_V$ 随负载率和电源电压比值 K_U 的变化规律，即

$$\sum P_V = (P_0 - P_f) \cdot K_U + P_f + \left[P_e \cdot \left(\frac{1}{\eta_e} - 1\right) - P_0\right] \cdot \left(\frac{\beta}{K_U}\right)^2 \tag{3-5}$$

式中：$\sum P_V$——电动机总损耗，kW；

P_0——电动机空载损耗，kW；

P_f——电动机附加损耗，kW；

η_e——电动机额定效率。

保持 $K_U = 1$ 运行的电动机，在某一负载率 β 下的总损耗为

$$\sum P = P_0 + \left[P_e \cdot \left(\frac{1}{\eta_e} - 1\right) - P_0\right] \cdot \beta^2 \tag{3-6}$$

式中：$\sum P$——当 $K_U = 1$ 时，电动机总损耗，kW。

效益系数 K_P 为

$$K_P = \frac{\sum P_V}{\sum P} \qquad (3-7)$$

对于某一负载率下运行的电动机，只有当 $K_P < 1$ 时改变电源的 K_U 运行，$\frac{\partial K_P}{\partial K_U} = 0$ 才能有节电效果，而且 K_P 值越小节电效果越好。对于某一负载下运行的电动机，利用求导的方法，可求得最佳电压调节率 K_{Uj}，即

$$K_{Uj} = \sqrt{\frac{\left[P_e \cdot \left(\frac{1}{\eta_e} - 1 \right) - P_0 \right] \cdot \beta^2}{P_0 - P_f}} \qquad (3-8)$$

电动机负载率由式（3-9）计算：

$$\beta = \frac{P}{P_e} = \sqrt{\frac{I^2 - I_0^2}{I_e^2 - I_0^2}} \qquad (3-9)$$

式中：β——电动机负载率；

P——电动机实际输出功率，kW；

I_e——电动机额定电流，A；

I——电动机实际电流，A；

I_0——空载电流，A。

由以上分析可以看出，在负载较低的情况下，降低电动机的电源电压可以减小内部损耗，提高电动机的运行效率；当降低电源电压时，电动机的总损耗与在额定电压下工作时电动机的总损耗相等，电动机的负载为临界负载，或调整的电压值为临界电压值。

电动机的定子铁损与电压的平方成正比。在轻载时，适当降低电压不会使电流增加，反而使电流减少，于是转子铜损也减少。但是降低电压时滑差增大，转子电流增大，转子铜损增大。另外，电动机的最大扭矩也与电压的平方成正比，所以调压节电仅仅适用于轻载情况，负荷率越低、相对节电率越高，负荷率越高、相对节电率越低。

3.5 节能产品叠加经济效益分析

节能产品经济效益分析主要是进行节电量的分析计算。以偏置机和双驴头机原组合状态的百米吨液耗电为基础，与其配置的各项节能产品的百米吨液耗电的差值为节电量，年工作天数以 350 天计，年节电量（W）和年节电费用（V）由下式计算：

$$W_{\mathrm{JD}} = \frac{350(W_{100j} - W_{100i}) \cdot H_j \cdot Q_j}{100} \qquad (3-10)$$

$$V = 0.45W \qquad (3-11)$$

式中：W_{JD}——某节能产品在不同举升高度下的年节电量，$\mathrm{kW \cdot h/a}$；

W_{100j}——不同举升高度下原组合状态百米吨液耗电量，$\mathrm{kW \cdot h/(100m \cdot t)}$；

W_{100i}——第 i 种节能产品在不同举升高度下的百米吨液耗电量，$\mathrm{kW \cdot h/(100m \cdot t)}$；

H_j——第 j 个举升高度，m；

Q_j——第 j 个日产液量，t/d。

各种节能产品及不同组合状态下的年节电量、年节电费用和回收期见表3-17。

表 3-17　抽油机井节能产品回收期统计表

方案组合	抽油机		节电箱		电动机		总价格(元)	总价格差值(元)	年节电量(kW·h/a)	年节电费用(元)	回收期(月)
	型号	价格(元)	型号	价格(元)	型号	价格(元)					
基础	CYJY10-3-38HB	118779	普通	2280	Y系列(37 kW)	5887	126946	—	—	—	—
1	CYJY10-3-38HB	118779	星角转换	5758	Y系列(37 kW)	5887	130424	3478	10042	4519	9
2	CYJY10-3-38HB	118779	普通	2280	YMJ高扭矩(22 kW)	9086	130145	3199	5835	2626	14
3	CYJY10-3-38HB	118779	SYS	8000	Y系列(37 kW)	5887	132666	5720	5725	2576	27
4	CYJY10-3-38HB	118779	SYS	8000	YMJ高扭矩(22 kW)	9086	135865	8919	5836	2626	41
基础	YCYJ8-3-26HB	127628	普通	2250	Y系列(15 kW)	4887	134765	—	—	—	—
1	YCYJ8-3-26HB	127628	星角转换	5758	Y系列(15 kW)	4887	138273	3508	3513	1581	27
2	YCYJ8-3-26HB	127628	普通	2250	YMJ高扭矩(11 kW)	4983	134861	96	2861	1287	1
3	YCYJ8-3-26HB	127628	SYS	4700	Y系列(15 kW)	4887	137215	2450	2610	1175	25
4	YCYJ8-3-26HB	127628	SYS	4700	YMJ高扭矩(11 kW)	4983	137311	2546	3613	1626	19

由表 3-17 可以看出，单项节能产品的经济效益较高，投资回收期短，多项节能产品叠加使用时虽然也有一定的节电效果，但由于投资额增大，回收期大大延长。单项节能产品与偏置机匹配时，星角转换节电箱投资少，回收期最短。单项节能产品与双驴头机匹配时，YMJ 高扭矩电动机几乎没有增加投资，且有一定的节能效果，回收期最短。偏置机与双驴头机相比，投资额相差8849 元，年节电 4317 kW·h，年节约电费 1942 元，投资回收期为 4.5 年。

3.6　抽油机采油系统节能产品配置优化选择建议

结合前文的分析，两种以上的节能产品叠加使用时，其功能存在重复，因此达不到节能效果的叠加，经济效益较差。所以，抽油机节能产品不宜叠加使用。节能抽油机在满足启动要求的条件下，应根据设计的能力指标和井况，考虑功率利用率上限以确定装机功率。星角转换节电箱适合在功率利用率长期低于 20％的轻载工况抽油机井上使用。双驴头机在功率利用率小于 50％时系统效率较偏置机高 1~4 个百分点，当功率利用率大于 50％时系统效率较偏置机低 5~10 个百分点。YMJ 高扭矩电动机的启动转矩高，过载能力强，节能范围宽，系统效率较 Y 系列普通电动机提高 1~4 个百分点，可降低装机功率20％左右。可控硅调压节电箱在轻载时节电效果明显，试验井状态下系统效率较原配机组提高 1.5~3 个百分点；重载时，节能效果降低。

选择建议：

（1）在进行新井投产方案制定或老区改造时，应优先选择偏置机+星角转换节电箱或者偏置机+YMJ 高扭矩电动机的组合方案。若双驴头机与偏置机价格持平，则应优先选择双驴头机。

（2）应合理匹配光杆功率或有功功率，以提高系统效率。

（3）对于日产液量小于 20 吨的油井，功率利用率低于 50％时，应采用节能型抽油机，这样做经济而效率高。

（4）对于日产液量为 20~50 吨的油井，功率利用率大于 50％时，应采用偏置机+可控硅调压节电箱。

（5）对于日产液量大于 50 吨的油井，功率利用率大于 50％时，应采用偏置机+节能电动机。

（6）对于日产液量小于 10 吨，沉没度小于 50 米的油井，采取间抽控制更为合理。

（7）机采井耗电量是日产液量和举升高度的函数（即 $w = k \cdot Q \cdot H$），因此油井产量越高，举升高度越大，耗电量越高。对于泵效高、流压高的井，其供液能力大于抽汲能力的井，说明设备抽汲能力不足；对于泵效低、流压低的井，其抽汲能力大于供液能力，设备负荷利用率低。因此，对于"两高"井，可以采取调大参数或换大泵来充分利用油井供液能力以提高产量；对于"两低"井，可以采取调小参数或换小泵和间抽，使其泵况趋于合理。

4 抽油机采油系统节能产品测试方法

在原油生产过程中，对抽油机采油系统工作状况进行监测十分重要。通过对抽油机井和抽油机产量、液面及示功图方面的监测，可以帮助我们分析油层供液能力、抽油设备的工作状况及能耗，从而制定合理的技术措施，使之充分发挥油层和抽油设备的潜力并协调工作，保证油井的安全、高效生产。

抽油机采油系统由井下抽油泵、油管、抽油杆柱、抽油机、电动机及辅助装置组成，通过抽油杆柱带动井下抽油泵柱塞做上、下往复运动，将油井产出液举升至地面。

抽油机采油系统监测按《油田生产系统能耗测试和计算方法》（GB/T 33653—2017）、《油田生产系统节能监测规范》（GB/T 31453—2015）的相关要求执行。

4.1 监测内容

4.1.1 检查项目

（1）抽油机采油系统设备不得使用国家公布的淘汰产品。

（2）全面检查被测抽油机采油井的运行工况是否正常，如有不正常现象应及时排除。

（3）检查被测抽油机采油井作业情况、节能技术改造情况，以及其采取了何种节能技术措施，了解将来的节能改造方向。

（4）应如实记录抽油机采油系统运行、检修情况。

4.1.2 测试项目

（1）电动机功率因数。

（2）平衡度。

（3）系统效率。

4.2　监测方法

4.2.1　监测要求

（1）应选取正常生产的机械（抽油机）采油系统为测试对象。应收集与测试有关的基础资料，包括被测机械采油井的井号、采油设备型号、泵挂深度等，斜井（定向井、水平井、斜直井、各种侧钻井）宜有井身轨迹数据。

（2）测试负责人应由熟悉本标准并有测试经验的专业人员担任。参加测试的人员应经过培训，持证上岗。测试过程中测试人员不宜变动。

（3）应结合具体情况制定测试方案，并在测试前将测试方案提交被测单位。测试方案的内容应包括测试任务和要求、测试项目、测点布置与所需仪器、人员组织与分工和测试进度安排等。

（4）全面检查被测系统的运行工况是否正常，如发现不正常现象应及时排除。

（5）按测试方案中测点布置的要求配置和安装测试仪器。

（6）进行预备性测试，检查测试仪器是否正常工作，熟悉测试操作程序，确定和提高测试人员的相互配合程度。

（7）检查测试仪器连接无误后，应先按机械采油系统的操作规定及程序启动，待井况正常后再进行测试。

（8）应保证输入功率、产液量、动液面深度、油管压力、套管压力、光杆功率等主要参数的同步测试。

（9）测试时间应不少于 15 min，测试参数的取值应具有代表性。

4.2.2　测试仪器

测试仪器应能满足测试项目的要求，仪器应完好，在检定周期内。测试仪器的量程应与测试数据相匹配。测试仪器的准确度应不低于表 4−1 的规定。对于抽油机井，应采用能计负功的仪器。

表 4－1　测试仪器准确度等级要求

序号	仪器名称	准确度等级
1	电流测试仪器	1.0 级
2	电压测试仪器	1.0 级
3	功率因数测试仪器	1.5 级
4	功率测试仪器	1.5 级
5	产量测试仪器	5.0 级
6	压力测试仪器	1.6 级
7	秒表	±0.01 s
8	动力示功仪	1.0 级
9	回声仪	0.5 级

4.2.3　测试方法

4.2.3.1　测试参数

（1）电参数：输入功率或电流、电压和功率因数等。

（2）井口参数：油管压力、套管压力、产液量及含水率。

（3）井下参数：动液面深度。

（4）光杆参数：光杆功率。

4.2.3.2　测试布点

抽油机采油系统效率测试布点如图 4－1 所示。除回声仪和动力示功仪外，潜油电泵和螺杆泵采油系统效率测试布点与此图相同。

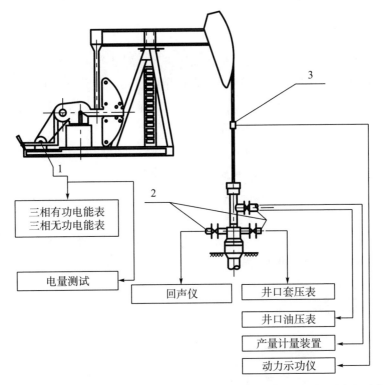

1—测电动机输入功率；2—测输出功率（井口及井下参数）；3—测光杆功率

图 4-1　抽油机采油系统测试布点和仪表连接示意图

4.2.3.3　测试步骤

（1）确定人员分工和测试时间。按方案要求的测试布点安装仪器，如图 4-1所示。

（2）安全操作。按照作业指导书的要求安装测试仪器和接线，接电源时注意接地线。

（3）输入功率测试。将测试仪器按其相序对应接入控制箱电源输入端，正确选择测量方式与接线方式，正确设置电流量程和电压量程，注意选择功率因数的测量制式，测试抽油机采油系统的输入功率。

（4）油井产液量测试。用产量计量装置计量油井产液量。

（5）油井含水率测试。按 GB/T 4756 规定的方法进行井口取样，按 GB/T 260 或 GB/T 8929 的规定测定含水率。

（6）油井井口油管压力和套管压力测试。应在油井井口油管和套管上分别安装压力表测试油管压力和套管压力。

（7）油井动液面深度测试。在井口安装回声仪，测试油套环空的动液面深度。

（8）抽油机井光杆功率测试。在抽油机悬绳器处安装动力示功仪，测试抽油机井的示功图。在测试示功图时，宜选用能直接读取示功图面积、减程比、力比等数据的仪器；若不能直接读取，要注意保持示功图的原始比例，测试后用求积仪或相关软件计算示功图面积。

（9）仪器和数据复合。测试后，对所有仪器进行复合，确认仪器保持良好状态；如发现问题应及时修正或复测。经过简单计算对数据的合理性进行分析判断，以及对个别数据是否超过常规范围进行经验判断，确定本次测试的有效性；如发现问题应及时修正或复测。

（10）监测结束。按照作业指导书的要求拆装仪器，保证人员、仪器的安全，并将被测设备恢复正常运行。

4.3 计算方法

抽油机采油系统能耗测试参数和计算方法见表4-2。

表4-2 抽油机采油系统能耗测试参数与计算方法

序号	符号	名称	单位	数据来源
1	A	示功图面积	mm^2	测试
2	B	平衡度		$B = \dfrac{P_{dmax}}{P_{umax}} \times 100\%$ 或 $B = \dfrac{I_{dmax}}{I_{umax}} \times 100\%$
3	f_w	油井产出液体含水率	%	化验
4	F	示功图力比	N/mm	仪器参数
5	g	重力加速度，$g=9.81$	m/s^2	常数
6	H	有效扬程	m	$H = h_d + \dfrac{p_o - p_t}{\rho_1 \cdot g}$
7	h_d	油井动液面深度（斜井应为垂直深度）	m	测试
8	I_{dmax}	抽油机采油系统运行时下冲程最大电流	A	测试

序号	符号	名称	单位	数据来源
9	I_{umax}	抽油机采油系统运行时上冲程最大电流	A	测试
10	n_S	光杆实测平均冲次	次/min	测试
11	P_{in}	抽油机采油系统输入功率	kW	$P_{in}=\dfrac{3600W}{T}$
12	P_{out}	抽油机采油系统输出功率	kW	$P_{out}=\dfrac{Q\cdot H\cdot\rho_1\cdot g}{86400000}$
13	P_3	抽油机采油系统光杆功率	kW	$P_3=\dfrac{A\cdot S\cdot F\cdot n_s}{60000}$
14	P_{dmax}	抽油机采油系统运行时下冲程最大功率	kW	测试
15	P_{umax}	抽油机采油系统运行时上冲程最大功率	kW	测试
16	p_o	井口油管压力	Pa	测试
17	p_t	井口套管压力	Pa	测试
18	Q	油井产液量	m^3/d	测试
19	S	示功图减程比	m/mm	仪器参数
20	T	电量测试累积时间	s	测试
21	W	累积输入有功电量	kW·h	测试
22	η	抽油机采油系统效率	%	$\eta=\dfrac{P_{out}}{P_{in}}\times100\%$
23	η_s	抽油机采油系统地面效率	%	$\eta_s=\dfrac{P_3}{P_{in}}\times100\%$
24	η_{sub}	抽油机采油系统井下效率	%	$\eta_{sub}=\dfrac{P_{out}}{P_3}\times100\%$
25	ρ_1	液体的密度	kg/m^3	测试
26	ρ_o	原油的密度	kg/m^3	测试
27	ρ_w	水的密度	kg/m^3	测试

4.4 考核指标

抽油机采油系统考核指标有电动机功率因数、抽油机平衡度、抽油机采油系统效率三项，其要求见表4-3。油田储层类型对抽油机采油系统效率的影响系数（K_1）见表 4—4。泵挂深度对抽油机采油系统效率的影响系数（K_2）见表 4—5。井眼轨迹对抽油机抽油机系统效率的影响系数（K_3）见表 4—6。表 4—3～表 4—6 的相关数据摘自《油田生产系统节能监测规范》（GB/T 31453—2015）。

表 4—3　抽油机采油系统考核指标及其要求

监测项目	限定值	节能评价值
电动机功率因数	≥0.40	—
抽油机平衡度 L（％）	80≤L≤110	—
抽油机采油系统效率（％，稀油井）	≥18/($K_1 \cdot K_2 \cdot K_3$)	≥31/($K_1 \cdot K_2 \cdot K_3$)
抽油机采油系统效率（％，稠油热采井）	≥15	≥22
K_1 为油田储层类型对抽油机采油系统效率的影响系数； K_2 为泵挂深度对抽油机采油系统效率的影响系数； K_3 为井眼轨迹对抽油机采油系统效率的影响系数。		

表 4—4　油田储层类型对抽油机采油系统效率的影响系数（K_1）

油田储层类型	中、高渗透油田	低渗透油田	特低渗透油田	超低渗透油田
K_1	1.00	1.40	1.60	1.70

表 4—5　泵挂深度对抽油机采油系统效率的影响系数（K_2）

泵挂深度（m）	<1500	1500～2500	>2500
K_2	1.00	1.05	1.10

表 4—6　井眼轨迹对抽油机采油系统效率的影响系数（K_3）

井眼轨迹类型	直井	定向井
K_3	1.00	1.05

4.5　监测结果评价与分析

4.5.1　监测结果评价

（1）监测单位应按设备或系统对应的指标要求进行合格与不合格、节能状态与非节能状态的评价，并出具节能监测报告。监测单位在节能监测报告中应对监测对象的能耗状况进行分析评价，并提出改进建议。

（2）监测单台设备时，全部监测项目同时达到节能监测限定值的可视为"节能监测合格设备"。在此基础上，被监测设备的效率指标达到节能评价值的可视为"节能监测节能运行设备"。

（3）监测用能系统时，全部监测项目同时达到节能监测限定值的可视为"节能监测合格系统"。在此基础上，被监测系统的效率指标达到节能评价值的可视为"节能监测节能运行系统"。

4.5.2 监测结果分析

根据抽油机采油系统三项考核指标，对监测结果进行分析。

（1）电动机功率因数反映了电动机的负载情况，应根据合格指标进行划分，对电动机的负载情况、节能/非节能状态以及无功补偿措施应用情况等进行分析。

（2）抽油机平衡度反映了抽油机运行上、下冲程的功率平衡程度，直接影响到抽油机的系统效率。随着平衡度的变化，单井耗电量的变化规律近似于一条开口向上的抛物线，曲线的最低点即耗电最低点。应从加强平衡度测试、调平衡等管理方面进行分析。

（3）抽油机采油系统效率是抽油机采油系统的关键考核指标，应依据监测数据情况进行划分：理想系统效率区（＞40％）、高系统效率区（30％～40％）、平均系统效率区（20％～30％）、较低系统效率区（10％～20％）和特低系统效率区（＜10％）。根据影响系统效率的主要因素（产液量、动液面深度等）的数据进行梯次划分，分析系统效率。

（4）将测试得到的电动机功率因数、抽油机平衡度、抽油机采油系统效率数据与历年数据进行对比分析。

5　抽油机采油系统节能产品评价方法

目前，石油企业对节能抽油机及配套节能产品的测试评价主要采用两种方法：一种是在生产井上进行现场测试，即在保持生产井动液面冲程、冲次基本不变的条件下，用电能测试仪测试使用节能产品前后的能耗量，以此来评定节能产品的节能效果。这种方法虽然被油田广泛采用，但由于生产井产液量、动液面深度变化大，且抽油机生产井之间诸如泵深、产液、冲程、冲次、平衡度等参数并不相同，因此测试数据可比性不强。另一种是在水力模拟井上进行测试。这种方法的优点是生产井产液量和动液面深度可以控制，数据可比性强，可以对单一节能产品的能耗进行对比测试和评价。

5.1　节能产品能效评价方法

节电率按照《抽油机及辅助配套设备节能测试与评价方法》（Q/SY 101—2007）的规定进行计算。抽油机及辅助配套设备节能效果的测试，采用"效果比较测定法"，执行《石油企业用节能产品节能效果测定》（SY/T 6422—2016）的规定，即在可比条件下将应用节能产品前后的能耗指标进行比较，用系统效率和综合节电率表示节能效果。当被测抽油机冲程、冲次达不到工况参数要求时，按《油田生产系统能耗测试和计算方法》（GB/T 33653—2017）测量系统效率并进行对比。

5.1.1　抽油机节能效果评价方法

以偏置机作为参照机，被测抽油机的额定载荷、冲程和冲次与参照机相同，对比平均综合节电率。

5.1.2　辅助配套设备节能效果评价方法

以原型号抽油机为参照机，更换辅助配套设备后，抽油机的冲程、冲次相同，对比平均综合节电率。

5.1.3 抽油机及辅助配套设备组合节能效果评价方法

以原型号抽油机为参照机，根据抽油机及不同的辅助配套设备的性能进行组合，抽油机的冲程、冲次相同，对比平均综合节电率。

这里列出具体的计算公式。

（1）系统效率。

系统效率的计算公式为

$$\eta = \frac{P_{\text{out}}}{P_{\text{in}}} \times 100\% \qquad (5-1)$$

式中：η——系统效率，%；

P_{in}——抽油机采油系统输入功率，kW；

P_{out}——抽油机采油系统输出功率，kW。

（2）抽油机采油系统输出功率。

抽油机采油系统输出功率的计算公式为

$$P_{\text{out}} = \frac{Q \cdot H \cdot \rho \cdot g}{86400000} \qquad (5-2)$$

$$H = h_{\text{d}} + \frac{p_{\text{o}} - p_{\text{t}}}{\rho \cdot g} \qquad (5-3)$$

式中：Q——产液量，m³/d；

H——有效扬程，m；

ρ——液体密度，kg/m³；

g——重力加速度，取 9.8 m/s²；

h_{d}——油井动液面深度，m；

p_{o}——井口油管压力，Pa；

p_{t}——井口套管压力，Pa。

（3）提升百米吨液有功耗电量。

提升百米吨液有功耗电量的计算公式为

$$W_{\text{d}} = \frac{2400P_1}{Q \cdot \rho \cdot H} \qquad (5-4)$$

式中：W_{d}——提升百米吨液有功耗电量，kW·h/(100m·t)。

（4）提升百米吨液无功耗电量。

提升百米吨液无功耗电量的计算公式为

$$Z = \frac{2400q}{q \cdot \rho \cdot H} \qquad (5-5)$$

式中：Z——提升百米吨液无功耗电量，$kvar \cdot h/(100m \cdot t)$；

　　　q——用电能综合测试仪测量的无功功率，$kvar$。

（5）有功节电率。

有功节电率的计算公式为

$$\xi_{JY} = \frac{W_1 - W_2}{W_1} \times 100\% \qquad (5-6)$$

式中：ξ_{JY}——有功节电率，%；

　　　W_1——应用节能产品前提升百米吨液有功耗电量，$kW \cdot h/(100m \cdot t)$；

　　　W_2——应用节能产品后提升百米吨液有功耗电量，$kW \cdot h/(100m \cdot t)$。

（6）无功节电率。

无功节电率的计算公式为

$$\xi_{JW} = \frac{Z_1 - Z_2}{Z_1} \times 100\% \qquad (5-7)$$

式中：ξ_{JW}——无功节电率，%；

　　　Z_1——应用节能产品前提升百米吨液无功耗电量，$kvar \cdot h/(100m \cdot t)$；

　　　Z_2——应用节能产品后提升百米吨液无功耗电量，$kvar \cdot h/(100m \cdot t)$。

（7）综合节电率。

综合节电率的计算公式为

$$\xi_J = \frac{W_1 - W_2 + K_q \cdot (Z_1 - Z_2)}{W_1 + K_q \cdot Z_1} \times 100\% \qquad (5-8)$$

式中：ξ_J——综合节电率，%；

　　　K_q——无功经济当量，$kW/kvar$，取值按《三相异步电动机经济运行》（GB/T 12497—2006）的规定执行。

（8）平均综合节电率。

平均综合节电率的计算公式为

$$\varphi = \frac{1}{n} \sum_{i=1}^{n} \xi_{Ji} \qquad (5-9)$$

式中：φ——平均综合节电率，%；

　　　n——不同参数测试次数；

　　　ξ_{Ji}——第 i 次测试综合节电率，%。

5.2　节能产品经济效益评价方法

经济效益是企业生产总值与生产成本之间的比例关系，即产出与投入的对比关系。经济效益评价是综合考察反映企业经济效益的各项指标，以对企业经营状况和经济效益做出总结和概括。经济效益评价对加强油田管理、深入油田设备优化调整、加大节能措施投入和油田开发动态调整起到了重要的指导作用。以单井作为油田生产的最小单元，对其进行经济效益评价可以帮助我们筛选出低经济效益或无经济效益井，并了解单井经济效益变化趋势，为油田成本控制、稳油控水等措施的制定提供依据。

5.2.1　单井经济界限确定

单井经济界限是以油井成本、销售收入及税金计算方法为基础，利用盈亏平衡理论计算的净现值为零时所对应的产液量、含水值。对于生产井而言，实施增产或增效措施，可简化为以措施投入与产出相等时为经济界限。

单井经济界限确定后，即可对油田各井进行经济效益评价，筛选出低效井和无效井。通过对低效井、无效井进行分析，我们可以确定影响经济效益的主要因素，并分析其主要原因，针对不同成因采取相应的治理措施。进而综合分析评价各种措施的效果，对具有增产潜力的井进行经济效益分析，综合考虑经济增油量及投资回收期，最终确定实施措施的油井及措施方法。

5.2.2　差价投资回收期计算

投资回收期是指使累计的经济效益等于最初的投资费用所需的生产周期，有静态和动态之分。

静态投资回收期计算简单，便于理解，能够直观地反映原始总投资的返本期限。但是，静态投资回收期没有考虑资金时间价值和回收期满后的现金流量，并不能准确反映投资方式对项目的影响，因此更适合于短期投入与回收的计算。

动态投资回收期弥补了静态投资回收期没有考虑资金时间价值的缺点，更符合实际情况。动态投资回收期是项目从投资开始产生起，到累计折现现金流量等于零时所需的时间。

抽油机采油系统的差价投资回收期（ϕ，单位为年）可按照下式进行计算：

$$\phi = \frac{\Psi}{M} \qquad (5-10)$$

$$M = 0.864 M_p \cdot \frac{1}{n} \cdot \sum_{i=1}^{n} \xi_J \cdot (P_{1i} + K_q \cdot q_i) \qquad (5-11)$$

式中：Ψ——单位节能产品增加投资额，万元；

M——单位节能产品的年节能效益，万元/年；

M_p——电量单价，元/(kW·h)；

n——不同参数测试次数；

ξ_J——综合节电率，%；

P_{1i}——第 i 次测量的抽油机采油系统输入功率，kW；

K_q——无功经济当量，kW/kvar，取值按《三相异步电动机经济运行》（GB/T 12497—2006）的规定执行；

q_i——第 i 次测量的无功功率，kvar。

差价投资回收期是评价节能产品的一个重要指标，但非唯一指标。其他指标还有节能产品的应用是否能达到产量要求、节能产品的维修费用及维修期等。一些节能产品虽具有良好的节能效果，但维修不方便，维修周期长，导致油井长时间停产。对于这些无法预知的情况，在应用前应做好充分调研和评估，最终运用综合差价投资回收期对节能产品进行经济效益评价。

5.2.3 数据包络分析

经济效益评价方法有很多种，包括多目标决策的线性加权法、主成分分析法、人工神经网络方法、数据包络分析（Data Envelopment Analysis，DEA）等。由于 DEA 适用于对具有多输入、多输出的复杂系统进行相对有效性或效益评价，因此非常适合单井经济效益评价。目前，国内很多油田已开发出采用 DEA 并适合自身油田的经济效益评价软件，对找出影响各单井经济效益的主要因素和各单井经济效益的改进方向及途径起到了重要的指导作用。

5.3 节能产品综合评价方法

近年来，多种抽油机电节能装置在油田上得到了广泛的应用，但在取得到较好节能效益的同时，也产生了许多问题：①在某些场合下，电节能装置能够节能，而在另外一些场合下，非但不能节能，反而会多消耗能量；②初始成本投入与节能的效益不匹配，导致长时间不能收回成本，甚至最终都不能收回成本；③维护成本增加；④附加成本增加。比如，有些电节能装置对电网有谐波污染，从而增加污染治理成本；有些电节能装置会导致电动机故障率增加，从而增加检修成本。这些问题的产生主要是由于油田生产企业仅在初始购置时对电节能装置进行相关评价，而忽略了设备运行过程中的综合绩效评价，也就是全寿命周期的综合评价。这可能导致设备的维护费用增加、对原有设备的损害、对环境的污染没有得到及时控制，进而导致节能装置没有得到有效利用。抽油机的节能，不仅仅是购置和安装电节能装置，而是要对各种电节能装置的节能效益、适用工况、初始投入成本、运行维护成本及运行附加成本等进行综合评价，从而为油田的生产管理者提供借鉴，以更好地发挥电节能装置的作用，提高生产效率。因此，建立一套完整的节能产品综合评价方法体系是非常必要的。

5.3.1　综合评价的基本概念

综合评价是根据既定的目的来评估系统的属性，这种属性可以是客观定量的计算值或具有主观效用的行为。构成评价的基本要素有评价对象（即评价课题）、评价指标体系、评价的主体（包括评价人员及评价工具）、评价的基本原则、评价方法等，将它们有机结合起来即构成最终的评价体系。

综合评价的一般步骤如下：

（1）确定评价对象。综合评价的第一步要先确定评价对象，其可以是工程项目、设备器材、技术方法等。这里主要对油田现阶段电节能装置的技术经济效益进行评价。

（2）建立评价指标体系。评价指标体系是综合评价的关键，确立科学合理的评价指标体系是保证评价结果科学、准确的关键。综合评价的复杂性往往在于评价指标体系建立的过程，对于不同的评价对象要建立与之相匹配的指标体系。由于评价对象往往是复杂的，油井井况的复杂性使电节能装置的评价指标更加多变，因此，在评价中应采用多层次、多目标的综合评价指标体系。

（3）选择评价方法。评价方法的选择是否合理是决定最终评价结果能否有效、科学的另一个关键因素。因此，在选择评价方法时，要综合考虑评价对象的属性、评价的预期目标和评价指标体系的构成要素。另外，在实际评价过程中，参与人员、使用工具的先进程度也是考虑因素之一。

（4）收集数据与信息。在评价指标体系和评价方法确定之后，接下来就要收集必要的原始数据与信息。定量数据主要从油田实际测量结果中获得，定性数据主要是根据现场工程师和专家意见以及设备的节能工作原理分析获得，还有部分设备的价格通过产品询价和油田采购报表获得。

（5）数据处理与评价。评价方法选取不同，数据的处理方法也不同。进行综合评价前必须将获得的数据和信息加以处理，使其具有相同的量纲和尺度标准等，最终得到符合要求的标准化数据。

（6）评价结果的输出。评价的目的是得到有效的评价结果，根据选择的综合评价方法（即以权重和各项打分综合计算），得到各项评价对象的定量得分，最终以具体的定量数据来体现评价结果。

5.3.2　综合评价的基本原则

综合评价的结果将对最终的决策产生直接影响，因此综合评价必须遵守以下三个基本原则：

一是科学性与先进性。综合评价的科学性是强调确定评价对象、建立评价指标体系、收集数据与信息等重要步骤都要具有合理性。科学性与先进性是相辅相成的，先进性主要指其必须符合当下评价的主流方法，要与最新的科学技术发展水平相符合，这样才能保证评价方法与评价对象相适应。

二是客观性与适应性。综合评价的首要条件是客观性。评价的目的就是得到准确可靠的结果，失去了客观性，评价就没有任何意义。适应性是与客观性相适应的，即要适应客观的评价技术、评价对象、评价体系。

三是可行性与可比性。可行性要求评价指标体系的建立、评价方法的选择具有可实施性和可操作性。同时，综合评价往往用于对多种备选方案做横向比较与分析，在整个评价的过程中必须具有可比性，这样才能保证评价结果对最终方案的指导性。

5.3.3　综合评价的特殊性

由于油井工况与油液负载的特殊性，以及抽油机自身结构的特点，在综合评价过程中，抽油机电节能装置的评价体系比其他项目更加复杂，概括来说具有以下三点特殊性：

一是指标选择的全面性和复杂性。综合评价必须从全面、整体的视角对电节能装置进行系统评价，不能只对其中某一项或某几项进行单独评价。油田油井条件复杂，同样装置对不同油井的节能效果往往存在差异。由于在横向比较电节能装置的节能效果时影响因素很多，因此综合评价的复杂性和全面性难以避免。

二是目标间的矛盾性。由于电节能装置综合评价涉及的指标多，指标属性之间的差异较大，有时某个指标值的改善、提高会使另一个指标效果变差，这种特点即目标间的矛盾性。在抽油机电节能装置评价中，很多指标具有这样的特点。因此，经济指标和技术指标的平衡就成了必须要考虑的因素。

三是目标间的不可公度性。不同的评价指标具有不同的性质和度量标准，这就是目标间的不可公度性。如果将各指标进行直接对比，将无法保证评价的客观性，因此要解决目标间的不可公度性，就要对指标进行标准化处理。

5.3.4　抽油机电节能装置综合评价体系

抽油机电节能装置综合评价体系主要包括技术评价和经济评价两方面，这里采用各占 50％权重系数的方式来构建评价模型，分别从技术和经济效益两个角度对抽油机电节能装置进行综合评价。抽油机电节能装置主要是节能电动机和节能控制箱两种，后者一般作为一种辅助的节能装置，结构相对简单，价格相对低廉，评价指标与节能电动机相比也有一定的差别。因此，在技术和经济综合评价方面，应将节能电动机和节能控制箱分开进行评价，确立各自的评价指标和评价模型。在节能电动机的经济效益评价方面，采用全寿命周期理论，意在综合全面地考察节能电动机的技术和经济效益。

5.3.4.1　基于全寿命周期理论的抽油机节能电动机经济效益评价

抽油机电动机全寿命周期成本是在其整个周期内发生的所有成本，要对其进行计算就必须明确项目的全寿命周期以及各年度发生的成本类型。抽油机电动机全寿命周期所发生的费用可划分为四类，即初始成本、运作费用、维护管理费用和残余价值。

1. 初始成本

初始成本主要包括设备与技术购进的费用，如购置费用、运输费用、安装调试费用，属于设备的一次性投入成本。

2. 运作费用

运作费用主要指设备运行过程中所耗费的电能，将消耗电能的指标全部转化成货币单位。

运作费用的计算公式为

$$B = W \cdot l \qquad (5-12)$$

式中：B——运作费用，元；

　　　W——抽油机电动机的耗电量，kW·h；

l——消耗能源的单位费用，元/（kW·h）。

3. 维护管理费用

维护管理费用包括设备的维修、检查等一系列费用。

4. 残余价值

残余价值是指设备退出使用年限时的折旧费用，即可以利用的剩余价值。

5. 节能电动机经济效益

节能电动机全寿命周期的经济效益为

$$T = A_1 - A_2 + \sum_{i=1}^{n} (B_{1i} - B_{2i}) + \sum_{i=1}^{n} (C_{1i} - C_{2i}) + (D_{2n} - D_{1n})$$

$$(5-13)$$

式中：T——全寿命周期经济效益总值，元；

A_1——应用节能产品前（普通电动机）的初始成本，元；

A_2——应用节能产品后（节能电动机）的初始成本，元；

B_{1i}——应用节能产品前第 i 年的运作费用，元；

B_{2i}——应用节能产品后第 i 年的运作费用，元；

C_{1i}——应用节能产品前第 i 年的维护管理费用，元；

C_{2i}——应用节能产品后第 i 年的维护管理费用，元；

n——电动机从投入使用到报废的年限；

D_{1n}——普通电动机在报废年限时的残余价值，元；

D_{2n}——节能电动机在报废年限时的残余价值，元。

节能电动机全寿命周期的年平均经济效益为

$$t_a = \frac{T}{n} \qquad (5-14)$$

式中：t_a——全寿命周期年经济效益的平均价值，元。

如式（5-13）、式（5-14）所示，因为不同的抽油机节能电动机有不同的使用年限，所以不同的节能电动机 n 的取值不同，这也表明采用全寿命周期理论的合理性。另外，初始成本计为第一年的一次性投资，残余价值计为最后一年的剩余价值，不同于运作费用和维护管理费用。对于运作费用和维护管理费用，在不同年份一般具有不同的数值。在实际运算时，首先对全寿命周期内的运作费用和维护管理费用进行累计求和，其次求出若干年内运作费用和维护管理费用的平均值，最后求出 n 年的平均值即为节能电动机的年平均经济效益。

5.3.4.2 节能控制箱的定性评价

节能控制箱除具有一般控制箱的基本功能外，还可根据电动机的运行情况，动态调节电动机的电压或进行无功补偿，降低电动机损耗。节能控制箱相对于节能电动机，购置及安装费用较低，非常适合还未退出使用年限的电动机拖动系统的改造，能取得更好的节能效果。节能控制箱的技术指标和节能电动机略有不同，主要为可靠性、运行效果、负面影响、高效性、其他等，经济指标主要为初始成本、节能效果、附加损耗等。

1. 节能控制箱的技术指标

（1）可靠性：主要指节能控制箱稳定运行的年限。有的节能控制箱会因配电性能不完善而造成发热进而减损设备使用寿命，有的节能控制箱会因机械摩擦造成设备损坏进而影响设备使用寿命。

（2）运行效果：主要用来界定节能控制箱的启动性能和过载能力，估计其会不会被轻载和油井井况的变化影响运行，并且是否具有良好的调速性能。

（3）负面影响：电力电子装置带来的谐波污染是一个不可忽视的问题，这也是评价节能控制箱的一个重要技术指标。

（4）高效性：主要以改善电动机效率和功率因数作为衡量标准。

（5）其他：主要包括是否具有系统节能的作用、是否容易被盗窃、是否便于安装等。

2. 节能控制箱的经济指标

（1）初始成本：主要考虑设备的价格高低。

（2）节能效果：主要考虑设备投入使用后对系统的节能效果，用综合节电率来评价。

（3）附加损耗：主要考虑增加节能控制箱后增加的额外损耗。

5.3.4.3 抽油机电节能装置的技术评价

对抽油机电节能装置进行技术评价，需要根据技术评价的内容和原则，结合油田节能技术的根本目标，建立相应的评价指标体系。在评价指标体系确定后，要制定详细、可行的评价标准。目前，由于尚未有相关文件或标准对抽油机电节能装置的评价方法作明确规定，因此，这里采用定量分析和定性分析相结合的方法对可以量化的指标作定量计算，对无法量化的指标作定性分析。

1. 指标数据的标准化处理

综合评价体系中由于目标间的矛盾性和差异性，多层次、多角度的指标一般差别很大，无法进行标准化的综合评价。因此，在进行综合评价前要对指标数据进行标准化处理：一是异向指标的标准化，二是模糊指标的定量化。

1）异向指标的标准化

异向指标的标准化，具体来讲就是把指标的异向性都标准化成同向性，这样才能为综合评价所用。在进行标准化处理时：正逆标准不同的指标统一转化为正指标，指标量纲相同化，不同标准的定性指标定量化，相互之间的影响数量化和标准化。

2）模糊指标的定量化

在多指标评价体系中，有很多评价指标是模糊指标，只能作定性描述，如"质量很好、可靠性高、稳定性较差"等。对于这一类模糊指标，必须通过一定的原则进行赋值，使其定量化。原则上，对于最优指标赋值为1.0，对于最劣指标赋值为0.0，参考表5-1。

表5-1　模糊指标定量化赋值标准

类别	最优	很高	高	一般	低	很低	最低
效益指标	1.0	0.9	0.7	0.5	0.3	0.1	0.0
成本指标	0.0	0.1	0.3	0.5	0.7	0.9	1.0

这里把经济评价指标即全寿命周期理论得到的经济指标也进行标准化处理，着重说明对节能电动机的经济指标进行标准化处理时所采用的基准比较法。该方法主要考虑各评价方案之间的关联性和横向类比性，以所有待评方案的平均值作为中间比较基准，各指标与该平均值做比较，体现该指标在所有方案中的位置，再进行归一化处理，将最优评价方案数值记为1.0，其他以此为标准依次进行归一化计算。这样的计算方法对于多方案的横向比较更具合理性和实用性。对于节能控制箱的成本标准化计算，不同点是正逆标准不一致，只需将成本平均值与每项设备的成本相比较，以保证评价具有正向指标，其他处理和节能电动机的经济效益标准化一致。

2. 节能电动机和节能控制箱评价指标标准化处理

由于抽油机电节能装置评价标准的复杂性，采用上述几种方法对指标数据进行标准化处理，结合油田节能实际情况和现场专家意见，综合得出最终的标准化结果。

节能电动机评价指标标准化处理参考表5-2。

表5-2 节能电动机评价指标标准化处理表

类别	序号	一级指标	二级指标	评分标准	评分方法
经济指标	1	全寿命周期效益	全寿命效益评价	各自经济效益/平均经济效益	归一化处理
技术指标	2	适用性	带载能力	根据启动特性，对在轻载、中载或重载条件下是否有效运行进行综合打分	查模糊指标量化数据表
	3		井况适应性	适应于多种井况	1.0
				只适应于一般标准井况，在特殊井况，如含砂、含水时无法良好运行	0.5
				介于两者之间，根据专家意见酌情给分	查模糊指标定量化赋值标准
	4	可靠性	散热效果	自身发热较少，同时具有良好的散热性	0.9
				发热适中，具有良好的散热性	0.5
				设备产热多，散热效果不好，降低电动机使用寿命	0.1
	5		是否退磁	不存在退磁现象	1.0
				存在退磁现象	0.0
	6	高效性	功率因数	功率因数	以功率因数大小为标准
	7		效率	效率	以效率大小为标准
	8	其他方面	系统配合	能有效实现系统配合	1.0
				不能完全实现系统配合	0.0
			体积、质量是否便于安装	质量轻，体积小，便于安装	1.0
				质量、体积中等，安装简单	0.5
				质量较重，体积较大，不便于安装	0.5

节能控制箱评价指标标准化处理参考表5-3。

表 5-3　节能控制箱评价指标标准化处理表

类别	序号	一级指标	二级指标	评分标准	评分方法
经济指标	1	经济效益	初始成本	平均成本/各自成本	进行归一化处理
			综合节电成本	以综合节电率为准	参见 SY/T6422—2016 式（3）
技术指标	2	可靠性	散热性能	散热性能很好	0.9
				散热性能较好	0.7
				散热性能很差	0.1
	3		机械磨损	机械磨损很轻微	0.9
				存在一定程度的机械磨损	0.7
				机械磨损很严重	0.1
	4	运行效果	调速性能	具有良好的调速性能	1.0
				不具有调速性能	0.0
	5		带载能力	根据启动特性，对在轻载、中载或重载条件下是否有效运行进行综合打分	查模糊指标量化数据表
			井况适应性	适应于多种井况，运行效果非常好	1.0
				只适应于一般标准井况，在特殊井况如含砂、含水时无法良好运行	0.5
				介于两者之间，综合专家意见酌情给分	查模糊指标量化数据表
	6	负面影响	谐波污染	无谐波污染	1.0
				带来一般性的谐波污染	0.5
				带来很严重的谐波污染	0.1
	7		无功倒退	不会产生无功倒退现象	1.0
				过补偿引起无功倒退现象	0.3
	8	高效性	功率因数	功率因数	以功率因数大小为准
	9		效率	效率	以效率大小为准
	10	其他方面	安全不易被盗	不易发生盗窃	1.0
				有些情况下容易被盗	0.5
	11		系统节能	实现系统节能	1.0
				不能实现系统节能	0.0

这里以节能电动机评价指标为例介绍权重的计算方法。节能电动机的一级指标：适用性（B_1）、可靠性（B_2）、高效性（B_3）、其他方面（B_4），根据综合比较和专家意见得出各指标之间的重要程度差异，运用层次分析法确定各指标的权重。

具体计算步骤如下：

（1）权向量的计算。

建立判断矩阵（表 5-4），则权向量 $\boldsymbol{W}^T = (0.3637, 0.1818, 0.3637, 0.0908)^T$。

表 5-4　判断矩阵

A	B_1	B_2	B_3	B_4	各元素连续乘积	行元素四次方根	向量归一化
B_1	1	2	1	4	8	1.682	0.3637
B_2	1/2	1	1/2	2	1/2	0.841	0.1818
B_3	1	2	1	4	8	1.682	0.3637
B_4	1/4	1/2	1/4	1	1/32	0.420	0.0908

（2）一致性检验。

因为有

$$\boldsymbol{AW} = \begin{pmatrix} 1 & 2 & 1 & 4 \\ \frac{1}{2} & 1 & \frac{1}{2} & 2 \\ 1 & 2 & 1 & 4 \\ \frac{1}{4} & \frac{1}{2} & \frac{1}{4} & 1 \end{pmatrix} \begin{pmatrix} 0.3637 \\ 0.1818 \\ 0.3637 \\ 0.0908 \end{pmatrix} = \begin{pmatrix} 1.4542 \\ 0.7271 \\ 1.4542 \\ 0.3636 \end{pmatrix} \tag{5-15}$$

则最大特征根为

$$\lambda_{max} = \sum_{i=1}^{4} \frac{(AW)_{i1}}{nw_i}$$
$$= \frac{1.4542}{4 \times 0.3637} + \frac{0.7271}{4 \times 0.1818} + \frac{1.4542}{4 \times 0.3637} + \frac{0.3636}{4 \times 0.0908} \approx 4.001 \tag{5-16}$$

判断矩阵一致性的指标计算式为

$$CI = \frac{\lambda_{max} - n}{n - 1} = \frac{4.001 - 4}{4 - 1} \approx 0.0003 \tag{5-17}$$

这里 $n=4$，通过查表得出 $RI=0.9$，则检验系数计算式为

$$CR = \frac{CI}{RI} = \frac{0.0003}{0.9} \approx 0.0003 < 0.1 \tag{5-18}$$

由层次判别法可知，该判断矩阵 **A** 具有满意的一致性，不需要重新调整。

节能电动机的二级指标及节能控制箱各项指标的权重计算步骤与节能电动机的一级指标相同，这里不再列出。计算后的指标权重见表5-5和表5-6。

表5-5 节能电动机各项指标的权重

类别	序号	一级指标	二级指标	权重
经济指标	1	全寿命周期效益	全寿命效益评价	0.5000
技术指标	2	适用性	带载能力	0.1273
	3		井况适应性	0.0547
	4	可靠性	散热效果	0.0454
	5		是否退磁	0.0454
	6	高效性	功率因数	0.0909
	7		效率	0.0909
	8	其他方面	系统配合	0.0227
			体积、质量是否便于安装	0.0227

表5-6 节能控制箱各项指标的权重

类别	序号	一级指标	二级指标	权重
经济指标	1	经济效益	初始成本	0.1000
			综合节电成本	0.4000
技术指标	2	可靠性	散热性能	0.0418
	3		机械磨损	0.0278
	4	运行效果	调速性能	0.0410
	5		带载能力	0.0663
			井况适应性	0.0663
	6	负面影响	谐波污染	0.0348
	7		无功倒退	0.0348
	8	高效性	功率因数	0.0829
	9		效率	0.0829
	10	其他方面	安全不易被盗	0.0009
	11		系统节能	0.0205

5.3.5 综合评价模型

在明确电节能装置的评价目标和范围后：第一，建立评价指标和判断依据，并将评价指标进行标准化处理；第二，确立权重计算方法计算权重；第三，选择与具体评价指标属性相适应的方法进行综合评价。通过计算，最终要对评价的备选方案按综合评价最终得分进行排序，为方案的选择和决策提供依据。综合评价的最终结果一般不是对各指标值的简单求和，而应根据具体评价对象选择特定的数学方法对评价结果进行处理，这样的数学方法也被称为综合评价模型。

下面介绍系统中常用的几种综合评价模型。

节能电动机作为重要的节能装置，在油田采油节能上发挥了重要的作用。目前，主要实现的节能方案有以下三种：其一，人为改变电动机的机械特性，主要是改变电源频率以实现与油田负荷特性的柔性配合；其二，从设计上改变电动机的机械特性，从而改善电动机与抽油机的配合性；其三，研制高效节能电动机，扩大高效区范围，提高电动机效率和功率因数，降低装机功率，从而减少电动机损失。

节能电动机的技术指标包括适用性、可靠性、高效性等。

适用性主要指电动机适用于不同带载情况和不同油井井况的能力，有的抽油机只适应于轻载情况，重载时无法正常工作。油井井况复杂，有稀油、稠油、含砂、含水等多种情况，要求电动机在各种工况下都可以高效运行，这也是适用性的一个重要考察标准。

可靠性主要指电动机的使用稳定性和安全性两方面。有一些电动机由于自身散热问题，非常容易因发热而损坏，如高转差率电动机；有一些电动机由于原材料的问题，会出现退磁现象，退磁后无法正常运行，如永磁同步电动机；还有一些电动机带有辅助装置，容易磨损等。

高效性主要考虑电动机的效率和功率因数。虽然"大马拉小车"具有一定的合理性，但在正常工作情况下还是要尽量提高效率和功率因数，以此提高电动机的高效性。高效性是衡量不同电动机节能效果的一个很重要的指标。

除适用性、可靠性、高效性外，节能电动机的技术指标还有是否具有系统节能的作用，体积和质量是否给安装带来不便等。

5.3.5.1 加权线性评分法

加权线性评分法就是先计算出每个方案各项评价指标的得分，再对其进行求和，计算式为

$$x_{ai} = \sum_{j=1}^{n} w_j \cdot x_{ij} \qquad (5-19)$$

式中：x_{ai}——第 i 个评价设备的加权线性综合评价值；

w_j——各评价指标的权重；

x_{ij}——第 i 个评价设备第 j 个指标的标准化处理后的平均值；

n——评价指标的数量。

对于各评价指标之间独立性比较强的情况，加权线性评分法更具适用性。加权线性评分法对评价数据没有特别严格的界定和要求，计算相对简单，便于推广普及。

5.3.5.2 乘法评分法

乘法评分法的计算式为

$$x_{bi} = \sqrt[n]{\prod_{j=1}^{n} w_j x_{ij}} \tag{5-20}$$

式中：x_{bi}——第 i 个评价设备的乘法评分法综合评价值。

乘法评分法适用于各评价指标间关联度较深的情况，其重视评价对象各评价值的一致性，也就是评价对象各评价指标权重之间差距较小的情况。乘法评分法的计算结果对评价指标权重较小时的影响更大，这有利于突出不同评价指标间的差异性。

5.3.5.3 加乘混合评分法

加乘混合评分法的计算公式为

$$x_i = x_{ai} + x_{bi} \tag{5-21}$$

式中：x_i——第 i 个评价设备的加乘混合评分法综合评价值。

加乘混合评分法综合了加法和乘法两种方法，克服了采用其中一种计算方法的局限性，但计算量相应增大。

综上所述，在抽油机电节能装置的综合评价方法的选择上，要综合考虑装置的复杂性及专家意见，一般采用加权线性评分法。

6 抽油机采油系统节能组合
产品综合评价案例

选择位于大庆杏西油田北部的一口报废井作为水力模拟试验井，井号为B40-28，该井完钻井深为 1609.4 m，套管深度为 1605.6 m，人工井底深度为1601.5 m，射孔深度为 1480.5~1570.1 m。在射孔段以上采用 455-3 可钻式封隔器封堵，封堵深度为 1350 m。抽油机基础设计为万能基础，可安装各种形式的抽油机，井下抽油泵选择泵径为 $\phi56$ mm 的管式泵，泵挂深度为 1200 m，抽油杆为组合杆 $\phi25 \times 478 + \phi22 \times 717$，其他设备有地面管线、各种阀门、1.48 m³ 的计量罐、10 m³ 的水箱等。该水力模拟试验井如图 6-1 所示，针对大庆油田已有节能型抽油机以及配套的节能产品，在水力模拟试验井上进行对比测试。

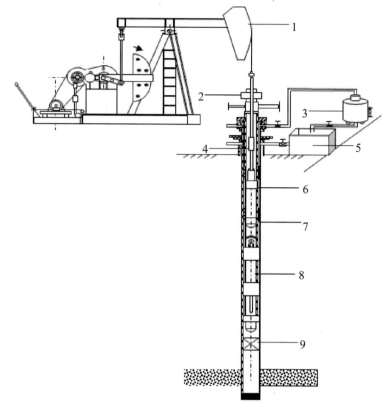

1—抽油机；2—井口；3—计量罐；4—抽油杆；5—水箱；
6—油管；7—套管；8—抽油泵；9—封隔器

图6-1　水力模拟试验井示意图

6.1　抽油机对比试验

在水力模拟试验井上对七种不同结构形式的抽油机进行对比试验，这七种机型为偏置式抽油机（以下简称偏置机）CYJY10-4.2-53HB、双驴头式抽油机（以下简称双驴头机）CYJS10-3-37HB 和 CYJS10-5-48HB、下偏杠铃型复合平衡抽油机（以下简称下偏杠铃机）PCYT10-3-37HB、摆杆式抽油机（以下简称摆杆机）CYTB10-3-37HB、调径变矩抽油机（以下简称调径变矩机）CYJQ10-5-37HF、偏轮抽油机（以下简称偏轮机）CYJP10-4.8-53HB、摩擦换向抽油机（以下简称摩擦换向机）CYJMH12-5-20BD，测试结果如图6-2~图6-4所示。

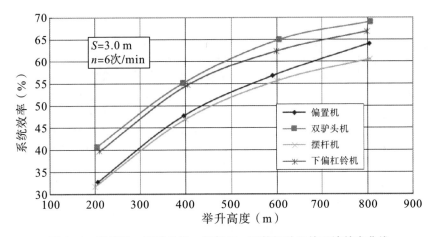

图6－2 偏置机、双驴头机、摆杆机、下偏杠铃机的系统效率曲线

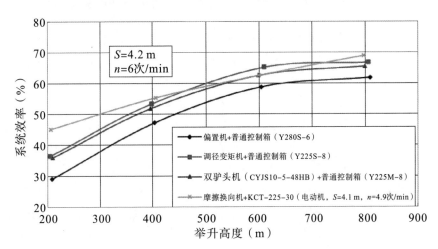

图6－3 偏置机、调径变矩机、双驴头机、摩擦换向机的系统效率曲线

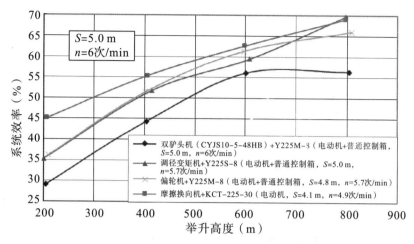

图 6-4 双驴头机、调径变矩机、偏轮机、摩擦换向机的系统效率曲线

由图 6-2~图 6-4 可以看出，双驴头机、调径变矩机、偏轮机和摩擦换向机采用变游梁后臂长度、特殊的偏轮结构和完全平衡等措施，平衡效果更好，减速箱输出扭矩的波动系数更小，节能效果更佳；与偏置机相比，在 200~800 m 的举升高度范围内均有较好的节能效果；在冲程为 3.0 m、冲次为 6 次/min 的条件下，双驴头机最高系统效率为 69.04％，与偏置机相比，系统效率提高 7.7 个百分点，最大有功节电率为 20.71％。其次是下偏杠铃机，其采用游梁复合平衡，平衡原理与双驴头机相近；与偏置机相比，在 200~800 m 的举升高度范围内均有节能效果，最高系统效率为 66.76％，系统效率平均提高 5.5 个百分点，最大有功节电率为 20.04％。摆杆机基本与偏置机相同，不节能。在冲程为 4.2 m、冲次为 6 次/min 的条件下，双驴头机的系统效率与调径变矩机和摩擦换向机基本相同，比偏置机平均提高 6 个百分点。在冲程为 5.0 m、冲次为 6 次/min 的条件下，调径变矩机的系统效率与偏轮机基本相同，比双驴头机平均提高 5 个百分点。

由此可知，抽油机的系统效率随着举升高度的增加而增加，有功节电率随着举升高度的增加而减小，即抽油机负荷大时系统效率增加、有功节电率减少。

6.2 电动机对比试验

电动机对比试验分别在偏置机、双驴头机、下偏杠铃机、摆杆机、调径变矩机和偏轮机上进行，共试验了五种电动机，即 Y 系列电动机、高扭矩电动机、永磁电动机、超高滑差电动机和双功率电动机。测试结果如图6-5～图6-10所示。

图6-5为偏置机加装高扭矩电动机前后的系统效率曲线。

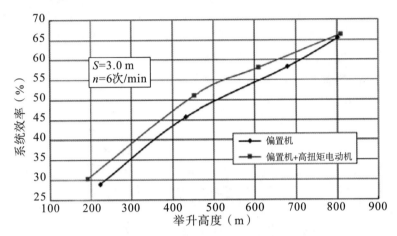

图6-5 偏置机加装高扭矩电动机前后的系统效率曲线

由图6-5可以看出，在冲程为3.0 m、冲次为6次/min的条件下，采用高扭矩电动机驱动偏置机，由于电动机的高扭矩特性比较适应抽油机的负荷特性，且降低了装机功率，提高了功率利用率，在200～800 m的举升高度范围内均有节能效果，系统效率提高约4个百分点，有功节电率约为5%。

图6-6为下偏杠铃机加装三种电动机前后的系统效率曲线。

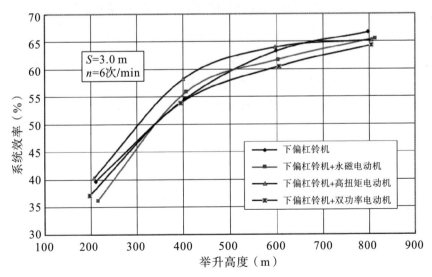

图6-6 下偏杠铃机加装三种电动机前后的系统效率曲线

由图 6-6 可以看出，分别采用高扭矩电动机、永磁电动机和双功率电动机驱动下偏杠铃机时，由于该抽油机采用游梁复合平衡，游梁平衡装置的力臂随着抽油机的运动而改变，降低了抽油机减速箱输出扭矩的波动系数，使装机功率由原来的 37 kW 减小到 18.5 kW。不同结构形式的电动机驱动下偏杠铃机时，虽然装机功率相同，功率利用率相近，在轻载状态下均有一定的节能效果，但节能幅度较小，系统效率一般只提高 2~3 个百分点，有功节电率为 3%~5%；在重载状态下，没有节能效果。

图 6-7 为摆杆机加装永磁电动机前后的系统效率曲线。

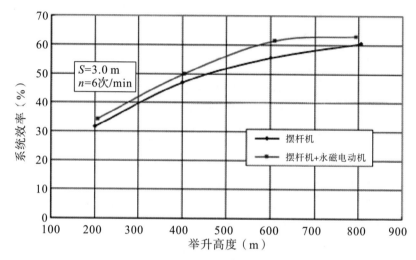

图 6-7　摆杆机加装永磁电动机前后的系统效率曲线

由图 6-7 可以看出，采用永磁电动机驱动摆杆机时，在 200~800 m 的举升高度范围内均有节电效果，系统效率提高 3~6 个百分点，有功节电率约为 7%。永磁电动机为同步电动机，驱动抽油机工作时，功率因数较高。

图 6-8 为偏置机分别加装五种电动机的系统效率曲线。

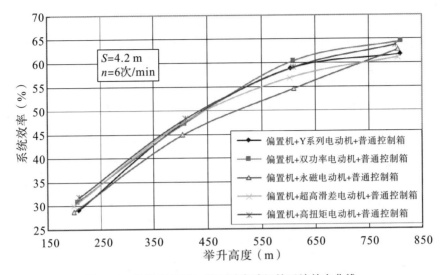

图6-8　偏置机分别加装五种电动机的系统效率曲线

由图6-8可以看出，在冲程为4.2 m、冲次为6次/min的条件下，分别采用Y系列电动机、双功率电动机、永磁电动机、超高滑差电动机和高扭矩电动机驱动偏置机时，在轻载时都有一定的节电效果，与采用普通电动机相比，系统效率普遍提高1~2个百分点。重载时，分别以高扭矩电动机、双功率电动机与Y系列电动机驱动偏置机的系统效率基本相同，超高滑差电动机和永磁电动机基本不节能。

图6-9为调径变矩机分别加装四种电动机的系统效率曲线。

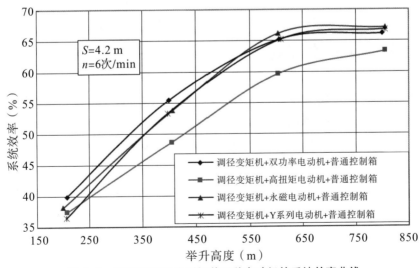

图6-9　调径变矩机分别加装四种电动机的系统效率曲线

由图 6-9 可以看出，分别以四种电动机驱动调径变矩机时，双功率电动机在轻载时与 Y 系列电动机相比，系统效率提高 1~2 个百分点，重载时与 Y 系列电动机相同；永磁电动机对系统效率的影响基本与 Y 系列电动机相同；而高扭矩电动机几乎没有节能效果。

图 6-10 为偏轮机分别加装两种电动机的系统效率曲线。

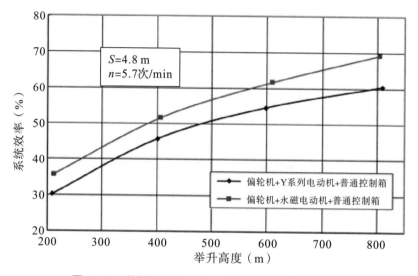

图 6-10　偏轮机分别加装两种电动机的系统效率曲线

由图 6-10 可以看出，采用永磁电动机驱动偏轮机时，节能效果显著，与 Y 系列电动机相比，在 200~800 m 的举升高度范围内系统效率提高 5~9 个百分点。

6.3　控制箱对比试验

控制箱节能效果试验分别在偏置机、双驴头机、下偏杠铃机、摆杆机、调径变矩机、偏轮机上进行，测试结果如图 6-11~图 6-17 所示。

图 6-11 为偏置机分别加装两种控制箱前后的系统效率曲线。

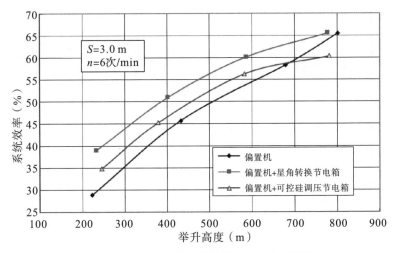

图 6-11　偏置机分别加装两种控制箱前后的系统效率曲线

由图 6-11 可以看出，由于偏置机装机功率大，在轻载状态下，功率利用率低，呈现"大马拉小车"的现象。应用星角转换节电箱和可控硅调压节电箱控制偏置机的运行，轻载时，可降低电动机输入端的电压，相当于降低装机功率，提高功率利用率，减少电动机内部损耗，提高电动机的运行效率。在冲程为3.0 m、冲次为 6 次/min 的条件下，轻载时，星角转换节电箱和可控硅调压节电箱控制偏置机运行均有节能效果，系统效率分别提高 3～10 个百分点和 3～6 个百分点，有功节电率约为 15% 和 10%；重载时，效果与常规控制箱差别不大。

图 6-12、图 6-13 为下偏杠铃机、摆杆机两种机型分别加装两种控制箱前后的系统效率曲线。

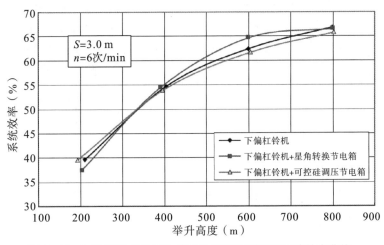

图 6-12　下偏杠铃机分别加装两种控制箱前后的系统效率曲线

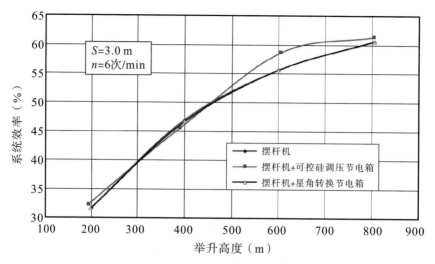

图 6-13   摆杆机分别加装两种控制箱前后的系统效率曲线

由图 6-12 和图 6-13 可以看出，下偏杠铃机和摆杆机由于装机功率小，分别用星角转换节电箱和可控硅调压节电箱控制其运行时，节能效果不明显。

图 6-14～图 6-17 为偏置机、双驴头机、调径变矩机和偏轮机四种机型分别加装不同控制箱的系统效率曲线。

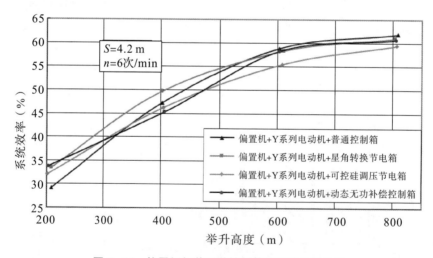

图 6-14   偏置机加装四种控制箱的系统效率曲线

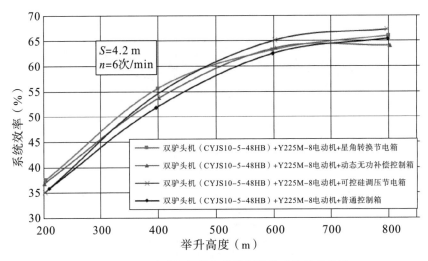

图6－15　双驴头机加装四种控制箱的系统效率曲线

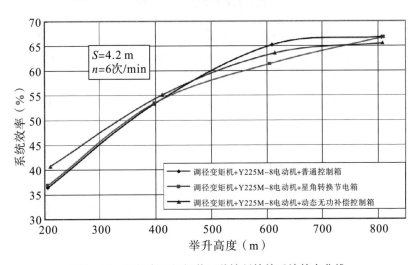

图6－16　调径变矩机加装三种控制箱的系统效率曲线

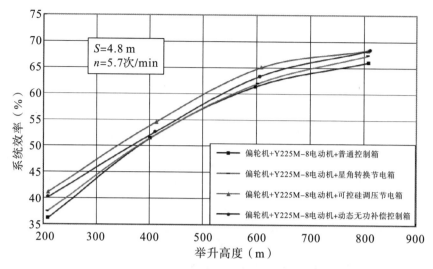

图 6-17　偏轮机加装四种控制箱的系统效率曲线

由图 6-14~图 6-16 可以看出，在冲程为 4.2 m、冲次为 6 次/min 的条件下，三种节电箱控制偏置机、双驴头机和调径变矩机，均在轻载时有节能效果，系统效率提高 2~3 个百分点；重载时，不节能。

由图 6-17 可以看出，对于偏轮机，可控硅调压节电箱的节能效果较好，系统效率提高 3~4 个百分点。其他控制箱与上述相同。

6.4　节能产品组合试验

针对各种节能抽油机（偏置机、下偏杠铃机、双驴头机、调径变矩机、偏轮机等）开展的节能产品叠加试验，得到的系统效率曲线分别如图 6-18~图 6-27所示。

从试验的结果来看，叠加的节能产品无法起到多重节能的效果，分析其原因主要在于：在使用一种节能产品时，已将抽油机的装机功率减少，使能耗降到了一定值，减少了能量浪费。

如偏置机叠加可控硅调压节电箱、高扭矩电动机基本相当于单项节能产品的节能效果，在轻载状态下，系统效率提高 3% 左右，有功节电率为 10% 左右，测试结果如图 6-18 所示。而有些节能产品的叠加节能效果还不如单项节能产品，有的甚至不节能，如下偏杠铃机叠加不同控制箱、高扭矩电动机，就没有节电效果，测试结果如图 6-19 所示。

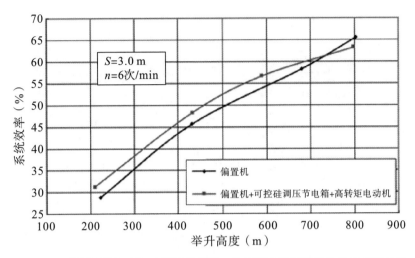

图 6-18　偏置机叠加可控硅调压节电箱、高扭矩电动机前后的系统效率曲线

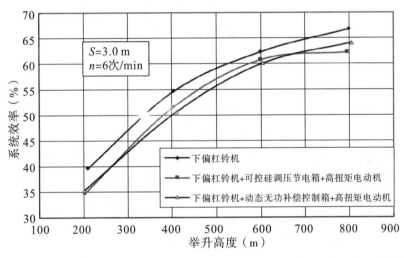

图 6-19　下偏杠铃机分别叠加两种控制箱、高扭矩电动机前后的系统效率曲线

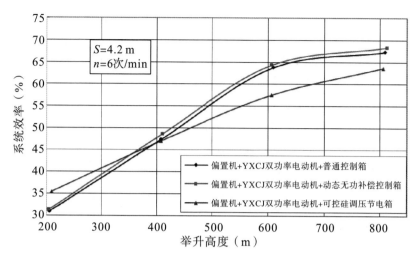

图 6−20　偏置机分别叠加 YXCJ 双功率电动机、三种控制箱的系统效率曲线

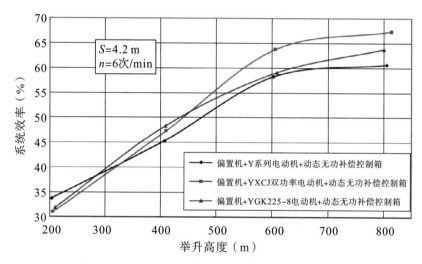

图 6−21　偏置机分别叠加三种电动机、动态无功补偿控制箱的系统效率曲线

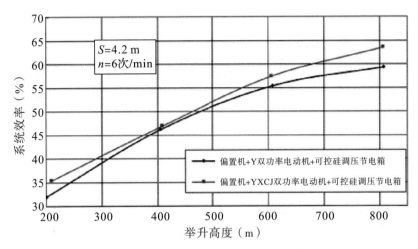

图 6-22　偏置机分别叠加两种电动机、可控硅调压节电箱的系统效率曲线

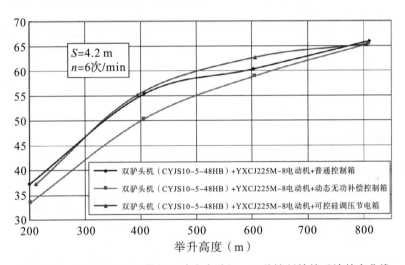

图 6-23　双驴头机分别叠加双功率电动机、三种控制箱的系统效率曲线

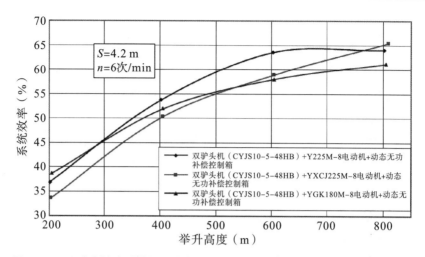

图6-24 双驴头机分别叠加三种电动机、动态无功补偿控制箱的系统效率曲线

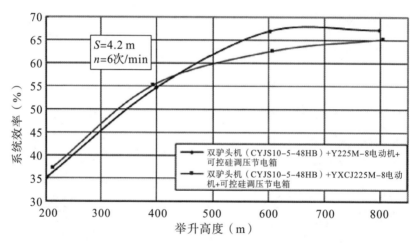

图6-25 双驴头机分别叠加两种电动机、可控硅调压节电箱的系统效率曲线

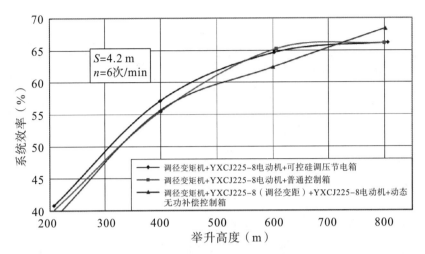

图 6−26　调径变矩机分别叠加双功率电动机、三种控制箱的系统效率曲线

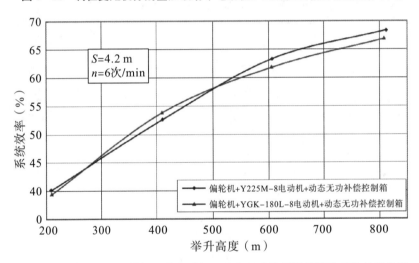

图 6−27　偏轮机分别叠加两种电动机、动态无功补偿控制箱的系统效率曲线

6.5　应用效果

截至 2002 年 8 月，大庆油田在新井投产中应用双驴头游梁式抽油机 2400 台，与常规型游梁式抽油机相比平均单井日节电 44 kW·h，年累计节电 3696×10⁴ kW·h，折合费用 1478 万元。

根据大庆油田有限责任公司的新技术推广计划要求，2001—2002 年共实施单项节能技术和产品 8157 井次，平均单井日节电 28.2 kW·h，年累计节电 8050.95×10⁴ kW·h。各类节能措施节能效果统计情况见表 6−1。

表 6—1 各类节能措施节能效果统计情况

项目	数量（台）		消耗功率（kW）		单井节电 (kW·h/d)	有功节电率 (%)	系统效率 提高（%）
	计划	实际	措施前	措施后			
节电箱	1470	1263	11.25	9.85	32	11.9	2.1
节能型电动机	1300	1894	11.65	9.80	44	15.7	2.7
节能抽油机	1300	2400	新井	8.53	41	16.7	1.8
其他节能设施	1900	2600	11.50	10.73	18	6.5	0.9
合计	5970	8157	平均单井节电率8.5%				

据统计，共计对 8157 口井采取了相应的节能措施，年累计实现节电 8050.95×10^4 kW·h（每年按 350 天计），经济效益为 3220.38 万元 [0.4元/(kW·h)]。相应节能产品使用寿命按最短的 6 年计算，经测算，可创造经济效益 1.93 亿元，同时为区块工艺方案设计提供可靠依据。每年按 800 口新井计算，根据节能产品叠加节能效果的非线性规律，年节省投资预算 520 万元（按每口井预算少 0.65 万元计），经济效益显著。同时，标准试验井的恢复使用，为进入大庆油田有限责任公司的节能产品建立了评价基地，规范了抽油机采油系统节能产品市场，为全公司节能降耗工作打开了新局面。

参考文献

[1] 李山山. 游梁式抽油机的节能技术研究 [D]. 大庆：东北石油大学，2013.

[2] 梁智鹏. 抽油机及配套节能产品测试评价系统的研究 [D]. 大庆：东北石油大学，2016.

[3] 李昊. 抽油机节能方法研究 [D]. 成都：西南石油大学，2016.

[4] 赵强. 抽油机节能技术组合及变速运行技术研究 [D]. 大庆：东北石油大学，2015.

[5] 高佩忠. 抽油机电节能装置的综合评价体系研究 [D]. 青岛：中国石油大学（华东），2013.

[6] 丁亮. 大庆油田游梁式抽油机与电机匹配现状分析及合理匹配研究 [D]. 大庆：东北石油大学，2018.

[7] 马建国. 机械采油系统节能监测与评价方法 [M]. 北京：石油工业出版社，2014.

[8] 曹雪. 永磁同步电动机抽油机系统智能控制技术研究 [D]. 大庆：东北石油大学，2018.

[9] 李宪英. 游梁式抽油机节能控制的研究 [D]. 沈阳：东北大学，2012.

[10] 王丽丽. 游梁式抽油机与驱动电机的合理匹配研究 [D]. 大庆：东北石油大学，2013.

[11] 杨信飞. 游梁式抽油机传动系统效能分析与节能技术研究 [D]. 北京：华北电力大学，2015.

[12] 曹瑞. 机采井综合节能技术研究与应用 [D]. 大庆：东北石油大学，2013.

[13] 吴丽娜. 油田主要生产系统能效对标研究 [D]. 大庆：东北石油大学，2016.

[14] 杨文军. 节能抽油机调查报告 [R]. 中油集团公司开发部，1999（5）：52—53.

[15] 崔振华, 余国安. 有杆抽油设备与技术——有杆抽油系统 [M]. 北京: 石油工业出版社, 1994.

[16] 周维. 游梁式抽油机节能技术的现状与展望 [J]. 石油矿场机械, 1987 (5): 30-34.

[17] 邬亦炯, 刘卓钧, 赵贵祥, 等. 抽油机 [M]. 北京: 石油工业出版社, 1994.

[18] 张自学, 兆文清, 王钢. 国内外新型抽油机 [M]. 北京: 石油工业出版社, 1994.

[19] 万邦烈. 采油机械的设计计算 [M]. 北京: 石油工业出版社, 1988.

[20] 崔旭明, 张伟萍, 孙英飞, 等. 常规游梁式抽油机节能改造技术研究 [J]. 油气田地面工程, 2008, 27 (9): 18-19.

[21] 邹振春, 邓立新, 王艳华. 游梁式抽油机节能技术及最新进展 [J]. 承德石油高等专科学校学报, 2005, 7 (1): 16-19.

[22] 王同义, 闫敬东. 提高抽油机系统效率的几点体会 [J]. 节能技术, 2005, 23 (2): 48-51.

[23] 金伟, 高增海, 李平, 等. 抽油机平衡测试方法的研究与改进 [J]. 石油机械, 2001, 29 (11): 26-27.

[24] 李崇坚, 干永革, 王文, 等. 交交变频同步电机矢量控制系统网侧无功功率的研究 [J]. 中国电机工程学报, 2000, 20 (2): 61-65.

[25] 李发海, 朱东起. 电机学 [M]. 5 版. 北京: 科学出版社, 2013.

[26] 王正茂, 阎治安, 崔新艺, 等. 电机学 [M]. 西安: 西安交通大学出版社, 2000.

[27] 赵红艳. 超高转差率电动机在油田机采系统中的应用 [J]. 电机技术, 2006 (3): 49.

[28] 赵允文, 张书圃. CJT 系列抽油机节能拖动装置的效益分析 [J]. 石油机械, 2000 (c00): 158-160.

[29] 韩国庆, 吴晓东, 毛凤英, 等. 示功图识别技术在有杆泵工况诊断中的应用 [J]. 石油钻采工艺, 2003, 25 (5): 70-74.

[30] 郑贵. 抽油机用节能电机测试评价方法中存在问题及发展思路 [J]. 石油石化节能, 2012 (10): 42-47.

[31] 中国石油天然气集团公司节能技术监测评价中心, 东北石油大学, 中国石化节能监测中心, 等. 石油企业用节能产品节能效果测定: SY/T 6422—2016 [S]. 北京: 石油工业出版社, 2016.

[32] 东北石油大学，中国石油规划总院，中国石油天然气集团公司安全环保与节能部，等. 油田生产系统能耗测试和计算方法：GB/T 33653—2017 [S]. 北京：中国标准出版社，2017.

[33] 中华人民共和国国家质量监督检验检疫总局，中国国家标准化管理委员会. YX3 系列（IP55）高效率三相异步电动机技术条件：GB/T 22722—2008 [S]. 北京：中国标准出版社，2008.

[34] 赵洋. 抽油机井优化运行理论研究 [D]. 大庆：大庆石油学院，2009.

[35] 董国荣. 抽油机节能控制系统的研巧与设计 [D]. 西安：西安工业大学，2011.

[36] 李静文. 游梁式抽油机建模与自动控制系统设计 [D]. 青岛：中国石油大学（华东），2009.

[37] 罗雄. 不均匀负载电动机调压节能装置的研究 [D]. 北京：华北电力大学，2004.

[38] 贾晓冬. 抽油机超高转差率电动机的应用研究网 [D]. 武汉：华中科技大学，2008.

[39] 车磊. 抽油机智能型节能系统研巧 [D]. 乌鲁木齐：新疆大学，2008.

[40] 骆华峰. 常规机的技术改造及节能技术的研究 [D]. 大庆：大庆石油学院，2004.

[41] 周广玲. 游梁式抽油机二次平衡理论与试验研究 [D]. 大庆：东北石油大学，2011.

[42] 王海军，秦昀亮，刘国振. 长庆油田抽油机节能产品应用分析 [J]. 节能技术，2010（2）：96−98.

[43] 徐秀芬，李伟，曹董，等. 柔性连续抽油杆提携式抽油机系统效率研究 [J]. 石油矿场机械，2011（1）：27−30.

[44] 戴广平，刘晓芳，崔学深，等. 游梁式抽油机电动机综合节能的理论及途径 [J]. 石油矿场机械，2004（2）：7−10.

[45] 陈鸿飞. 抽油机综合评价体系的建立和系统实现 [D]. 大连：大连理工大学，2007.

[46] 李刚，秦红玲. 综合评价方法及探讨 [J]. 节能，2004（10）：12−15.

[47] 孙宁. 油田企业能耗评价与优化决策研究综合评价理论模型应用 [D]. 青岛：中国石油大学（华东），2008.

[48] 高光贵. 多指标综合评价中指标权重确定及分值转换方法研究 [J]. 经济师，2003（3）：265−266.

[49] 王球保. 抽油机节能变频器的研究 [D]. 北京：中国农业大学，2006.

[50] 林瑞光. 电机与拖动基础 [M]. 杭州：浙江大学出版社，2008.

[51] 宋刚，李全. 抽油机经济技术综合评价方法研究 [J]. 科技资讯，2009 (21)：234.

[52] 刘建龙. 超高转差电机用于游梁式抽油机的节能机理 [J]. 节能，1992 (4)：43—48.

[53] 王东升. 基于开关磁阻电机的抽油机调速系统设计与研究 [D]. 青岛：中国石油大学（华东），2008.

[54] 王守民. 油田在役常规游梁式抽油机的增程与节能改造研究 [D]. 杭州：浙江大学，2001.

[55] 李敏，崔爱玉，宁刚. 抽油机节能技术的探讨 [J]. 油气田地面工程，2002，21 (2)：116—117.

[56] 周广玲. 游梁式抽油机二次平衡理论与试验研究 [D]. 大庆：东北石油大学，2011.

[57] 张晓玲，于海迎. 抽油机的节能技术及其发展趋势 [J]. 石油和化工节能，2007 (2)：4—5.

[58] 徐甫荣，赵锡生. 抽油机电控装置节能综述 [J]. 电气传动自动化，2002 (5)：1—8.

[59] 张沙萨，杨波，张维平，等. 游梁式抽油机用电动机节能讨论 [J]. 微电机，2009，42 (5)：61—63.

[60] 于学良. 游梁式抽油机节能控制技术的研究与应用 [J]. 科技信息，2009 (17)：487—568.

[61] 白连平，马文忠，杨艳，等. 关于游梁抽油机用电动机节能的讨论 [J]. 石油机械，1999，27 (3)：41—44.

[62] 刘洪智. 异型游梁式抽油机的设计 [J]. 石油矿场机械，1996，25 (5)：44—48.

[63] 郭东，白雪明，钱强，等. 常规游梁抽油机改造成异型游梁抽油机分析 [J]. 石油机械，1997，25 (9)：29—31.

[64] 基耀升. 双驴头抽油机现场使用中存在问题的改进 [J]. 石油机械，2004，32 (7)：46—48.

[65] 迟鹏，袁文熙，赵志鹏，等. 双驴头抽油机节能效果研究及应用 [J]. 内蒙古石油化工，2011 (3)：17—18.

[66] 孔昭瑞. 异相型抽油机的动力特性及其节能机理 [J]. 石油机械，1991，

19（9）：41—46.

[67] 熊大军，刘巧玲. 16 型异相游梁异相曲柄复合平衡抽油机［J］. 石油机械，2002，30（7）：27—28.

[68] 张学鲁，罗仁全，玉山音，等. 悬挂偏置式游梁抽油机的研究［J］. 石油矿场机械，2003，4（23）：27—29.

[69] 姜岩，鹿德台，谷勇. 油田抽油机节能浅析［J］. 硅谷，2010（23）：73.

[70] 白连平，马文忠，杨艳，等. 关于游梁式抽油机用电动机节能的讨论［J］. 石油机械，1999，27（3）：41—44.

[71] 项复兴. 大转差率电动机在抽油机上的应用［J］. 石油机械，1986，14（4）：29—37.

[72] 孙世明，蔡利，张智超. 高转差率电机驱动抽油机系统的耗能分析［J］. 大庆石油学院报，1989，13（3）：39—40.

[73] 张坤泉. 用超高转差率电动机驱动抽油机的效益［J］. 石油矿场机械，1989（1）：15—20.

[74] 姚春东，董世民，孙亚莉. 超高转差电机驱动游梁式抽油机的节能效果分析［J］. 油田地面工程，1993，12（4）：59—61.

[75] 卜坤. 运用高转矩节能电机优化抽油机运行效率［J］. 应用能源技术，2006（2）：36—40.

[76] 赵红艳. 超高转差率电动机在油田机采系统中的应用［J］. 电机技术，2006（3）：49—57.

[77] 于松义，陆克山. 稀土永磁同步电动机在机械采油系统中的应用［J］. 能源研究与应用，2006（5）：34—38.

[78] 史朝晖，胡会国，刘玉庆. 永磁同步电机在油田抽油机中的应用于节能分析［J］. 节能技术，2004，259（2）：22—24.

[79] 杨玉波，王秀和，宋伟，等. 油田抽油机用永磁同步电动机性能的环境温度敏感性研究［J］. 电机与控制学报，2004，8（2）：160—164.

[80] 宗承云. 永磁同步电动机在油井节能中的应用［J］. 中小型电机，2001，28（2）：44—46.

[81] 王同义，闫敬东，董明霞，等. 抽油机用永磁同步电动机的研制及应用［J］. 节能技术，2004，22（6）：39—41，44.

[82] 杨培东，鲁晓军. 永磁电机在石油矿场应用中的问题及对策［J］. 石油矿场机械，2003，32（4）：82—83.

[83] 王新江，左军，朱忠波. 永磁同步电机在抽油机负荷中的应用［J］. 山

东科学，2006，19 (2)：80−82.

[84] 朱义书. 双功率节能电机在油田生产中的应用 [J]. 实用科技，2001 (6)：234.

[85] 白连平，隋娜，崔雷. 抽油机双功率节能电机控制系统的设计 [J]. 电子技术，2004 (5)：21−23.

[86] 苏小雨，姚安梅. 游梁式抽油机两种电机驱动的对比 [J]. 航空科学技术，2009 (4)：41−42.

[87] 钟力，陈天为，胡理想. 抽油机双绕组双功率电动机的节电分析 [J]. 石油机械，2004，32 (7)：41−42.

[88] 王新民. 抽油机电机能量平衡理论与试验研究 [D]. 大庆：大庆石油学院，2008.

[89] 武卫丽，焦培林，彭利果. 抽油机节能技术研究综述 [J]. 重庆科技学院学报，2009，11 (4)：111−112.

[90] 姚春东，杨敏嘉. 高转差电动驱动抽油装置的预测技术 [J]. 石油矿场机械，1991，30 (1)：4−7.

[91] 董世民，崔振华，马德坤. 电动机转速波动的有杆抽油系统预测技术 [J]. 石油学报，1996，17 (2)：138−145.

[92] 薛承谨，鲍雨锋. 超高转差率电动机驱动游梁式抽油机动力学研究 [J]. 石油机械，2002，30 (1)：4−7.

附录 1　抽油机参数

游梁式抽油机基本参数应符合附表 1-1 的规定。

附表 1-1　游梁式抽油机基本参数

序号	游梁式抽油机型号及规格	额定悬点载荷（×10 kN）	光杆最大冲程（m）	减速器额定扭矩（kN·m）
1	2-0.6-2.8	2	0.6	2.8
2	3-1.2-6.5	3	1.2	6.5
3	3-1.5-6.5		1.5	
4	3-2.1-13		2.1	13.0
5	4-1.5-9	4	1.5	9.0
6	4-2.5-13		2.5	13.0
7	4-3-18		3.0	18.0
8	5-1.8-13	5	1.8	13.0
9	5-2.1-13		2.1	
10	5-2.5-18		2.5	18.0
11	5-3-26		3.0	26.0
12	6-2.5-26	6	2.5	

序号	游梁式抽油机 型号及规格	额定悬点载荷 （×10 kN）	光杆最大冲程 （m）	减速器额定扭矩 （kN·m）
13	8-2.1-18	8	2.1	18.0
14	8-2.5-26		2.5	26.0
15	8-3-37		3.0	37.0
16	10-3-37	10		
17	10-3-53			53.0
18	10-4.2-53		4.2	
19	12-3.6-53	12	3.6	
20	12-4.2-73		4.2	73.0
21	12-4.8-73		4.8	
22	14-3.6-73	14	3.6	
23	14-4.8-73		4.8	
24	14-5.4-73		5.4	
25	16-4.8-105	16	4.8	105.0
26	16-6-105		6.0	
27	18-6-105	18		
28	18-6-146			146.0

游梁式抽油机减速器参数应符合附表1－2的规定。

附表1－2　游梁式抽油机减速器参数

序号	1	2	3	4	5	6	7	8	9	10	11	12
减速器额定扭矩 （kN·m）	2.8	6.5	9.0	13.0	18.0	26.0	37.0	53.0	73.0	89.0	105.0	146.0
输出轴设计转速 （r/min）	20							16		15		12

附录2 电动机参数

一、Y 系列电动机

Y 系列电动机是一般用途的全封闭自扇冷式鼠笼型三相异步电动机。安装尺寸和功率等级符合 IEC（International Electrotechnical Commission）标准，外壳防护等级为 IP44，冷却方法为 IC411，为连续工作制（S1）。

Y 系列电动机效率高、节能效果好、堵转转矩高、噪音低、振动小、运行安全可靠。Y80～355 电动机符合《Y 系列（IP44）三相异步电动机技术条件（机座号 80～355）》（JB/T 10391—2008）。Y80～315 电动机采用 B 级绝缘。Y355 电动机采用 F 级绝缘。额定电压为 380 V，额定频率为 50 Hz。功率 3 kW 及以下为 Y 连接，其他功率均为△连接。电动机运行地点的海拔不超过 1000 m；环境空气温度随季节变化，但最高不超过 40℃；最低环境空气温度为 −15℃；最湿月平均最高相对湿度为 90%，同时该月平均最低温度不高于 25℃。

Y 系列电动机的基础参数见附表 2−1。

附表 2−1　Y 系列电动机的基础参数

型号	额定功率（kW）	额定电流（A）	转速（r/min）	效率（%）	功率因数 $\cos \varphi$	堵转转矩 额定转矩（倍）	堵转电流 额定电流（倍）	最大转矩 额定转矩（倍）	噪声 [dB（A）] 1级	噪声 [dB（A）] 2级	振动速度（mm/s）	质量（kg）
同步转速，3000 r/min，2级												
Y80M1-2	0.75	1.8	2830	75.0	0.84	2.2	6.5	2.3	66	71	1.8	17
Y80M2-2	1.10	2.5	2830	77.0	0.86	2.2	7.0	2.3	66	71	1.8	18
Y90S-2	1.50	3.4	2840	78.0	0.85	2.2	7.0	2.3	70	75	1.8	22
Y90L-2	2.20	4.8	2840	80.5	0.86	2.2	7.0	2.3	70	75	1.8	25

型号	额定功率（kW）	额定电流（A）	转速（r/min）	效率（%）	功率因数 cos φ	堵转转矩 额定转矩（倍）	堵转电流 额定电流（倍）	最大转矩 额定转矩（倍）	噪声 [dB（A）] 1级	噪声 [dB（A）] 2级	振动速度（mm/s）	质量（kg）
Y100L-2	3.00	6.4	2880	82.0	0.87	2.2	7.0	2.3	74	79	1.8	34
Y112M-2	4.00	8.2	2890	85.5	0.87	2.2	7.0	2.3	74	79	1.8	45
Y132S1-2	5.50	11.1	2900	85.5	0.88	2.0	7.0	2.3	78	83	1.8	67
Y132S2-2	7.50	15.0	2900	86.2	0.88	2.0	7.0	2.3	78	83	1.8	72
Y160M1-2	11.00	21.8	2930	87.2	0.88	2.0	7.0	2.3	82	87	2.8	115
Y160M2-2	15.00	29.4	2930	88.2	0.88	2.0	7.0	2.3	82	87	2.8	125
Y160L-2	18.50	35.5	2930	89.0	0.89	2.0	7.0	2.2	82	87	2.8	145
Y180M-2	22.00	42.2	2940	89.0	0.89	2.0	7.0	2.2	87	92	2.8	173
Y200L1-2	30.00	56.9	2950	90.0	0.89	2.0	7.0	2.2	90	95	2.8	232
Y200L2-2	37.00	69.8	2950	90.5	0.89	2.0	7.0	2.2	90	95	2.8	250
Y225M-2	45.00	84.0	2970	91.5	0.89	2.0	7.0	2.2	90	97	2.8	312
Y250M-2	55.00	103.0	2970	91.5	0.89	2.0	7.0	2.2	92	97	4.5	387
Y280S-2	75.00	139.0	2970	92.0	0.89	2.0	7.0	2.2	94	99	4.5	515
Y280M-2	90.00	166.0	2970	92.5	0.89	2.0	7.0	2.2	94	99	4.5	566
Y315S-2	110.00	203.0	2980	92.5	0.89	1.8	6.8	2.2	99	104	4.5	922
Y315M-2	132.00	242.0	2980	93.0	0.89	1.8	6.8	2.2	99	104	4.5	1010
Y315L1-2	160.00	292.0	2980	93.5	0.89	1.8	6.8	2.2	99	104	4.5	1085
Y315L2-2	200.00	365.0	2980	93.5	0.89	1.8	6.8	2.2	99	104	4.5	1220
Y355M1-2	220.00	399.0	2980	94.2	0.89	1.2	6.9	2.2	109		4.5	1710
Y355M2-2	250.00	447.0	2985	94.5	0.90	1.2	7.0	2.2	111		4.5	1750
Y355L1-2	280.00	499.0	2985	94.7	0.90	1.2	7.1	2.2	111		4.5	1900
Y355L2-2	315.00	560.0	2985	95.0	0.90	1.2	7.1	2.2	111		4.5	2105
同步转速，1500 r/min，4级												
Y80M1-4	0.55	1.5	1390	73.0	0.76	2.4	6.0	2.3	56	67	1.8	17
Y80M2-4	0.75	2.0	1390	74.5	0.76	2.3	6.0	2.3	56	67	1.8	17

型号	额定功率 (kW)	额定电流 (A)	转速 (r/min)	效率 (%)	功率因数 cos φ	堵转转矩 额定转矩 (倍)	堵转电流 额定电流 (倍)	最大转矩 额定转矩 (倍)	噪声 [dB(A)] 1级	噪声 [dB(A)] 2级	振动速度 (mm/s)	质量 (kg)
Y90S-4	1.10	2.7	1400	78.0	0.78	2.3	6.5	2.3	61	67	1.8	25
Y90L-4	1.50	3.7	1400	79.0	0.79	2.3	6.5	2.3	62	67	1.8	26
Y100L1-4	2.20	5.0	1430	81.0	0.82	2.2	7.0	2.3	65	70	1.8	34
Y100L2-4	3.00	6.8	1430	82.5	0.81	2.2	7.0	2.3	65	70	1.8	35
Y112M-4	4.00	8.8	1440	84.5	0.82	2.2	7.0	2.3	68	74	1.8	47
Y132S-4	5.50	11.6	1440	85.5	0.84	2.2	7.0	2.3	70	78	1.8	68
Y132M-4	7.50	15.4	1440	87.0	0.85	2.2	7.0	2.3	71	78	1.8	79
Y160M-4	11.00	22.6	1460	88.0	0.84	2.2	7.0	2.3	75	82	1.8	122
Y160L-4	15.00	30.3	1460	88.5	0.85	2.2	7.0	2.3	77	82	1.8	142
Y180M-4	18.50	35.9	1470	91.0	0.86	2.0	7.0	2.2	77	82	1.8	174
Y180L-4	22.00	42.5	1470	91.5	0.86	2.0	7.0	2.2	77	82	1.8	192
Y200L-4	30.00	56.8	1470	92.2	0.87	2.0	7.0	2.2	79	84	1.8	253
Y225S-4	37.00	70.4	1480	91.8	0.87	1.9	7.0	2.2	79	84	1.8	294
Y225M-4	45.00	84.2	1480	92.3	0.88	1.9	7.0	2.2	79	84	1.8	327
Y250M-4	55.00	103.0	1480	92.6	0.88	2.0	7.0	2.2	81	86	2.8	381
Y280S-4	75.00	140.0	1480	92.7	0.88	1.9	7.0	2.2	85	90	2.8	535
Y280M-4	90.00	164.0	1480	93.5	0.89	1.9	7.0	2.2	85	90	2.8	634
Y315S-4	110.00	201.0	1480	93.5	0.89	1.8	6.8	2.2	93	98	2.8	912
Y315M-4	132.00	240.0	1480	94.0	0.89	1.8	6.8	2.2	96	101	2.8	1048
Y315L1-4	160.00	289.0	1480	94.5	0.89	1.8	6.8	2.2	96	101	2.8	1105
Y315L2-4	200.00	361.0	1480	94.5	0.89	1.8	6.8	2.2	96	101	2.8	1260
Y355M1-4	220.00	407.0	1488	94.4	0.87	1.4	6.8	2.2	106		4.5	1690
Y355M3-4	250.00	461.0	1488	94.7	0.87	1.4	6.8	2.2	108		4.5	1800
Y355L2-4	280.00	515.0	1488	94.9	0.87	1.4	6.8	2.2	108		4.5	1945
Y355L3-4	315.00	578.0	1488	95.2	0.87	1.4	6.9	2.2	108		4.5	1985

续表

型号	额定功率（kW）	额定电流（A）	转速（r/min）	效率（%）	功率因数 cos φ	堵转转矩 额定转矩 （倍）	堵转电流 额定电流 （倍）	最大转矩 额定转矩 （倍）	噪声 [dB（A）] 1级	噪声 [dB（A）] 2级	振动速度（mm/s）	质量（kg）
同步转速，1000 r/min，6级												
Y90S-6	0.75	2.3	910	72.5	0.7	2.0	5.5	2.2	56	65	1.8	21
Y90L-6	1.10	3.2	910	73.5	0.7	2.0	5.5	2.2	56	65	1.8	24
Y100L-6	1.50	4.0	940	77.5	0.7	2.0	6.0	2.2	62	67	1.8	35
Y112M-6	2.20	5.6	940	80.5	0.7	2.0	6.0	2.2	62	67	1.8	45
Y132S-6	3.00	7.2	960	83.0	0.8	2.0	6.5	2.2	66	71	1.8	66
Y132M1-6	4.00	9.4	960	84.0	0.8	2.0	6.5	2.2	66	71	1.8	75
Y132M2-6	5.50	12.6	960	85.3	0.8	2.0	6.5	2.2	66	71	1.8	85
Y160M-6	7.50	17.0	970	86.0	0.8	2.0	6.5	2.0	69	75	1.8	116
Y160L-6	11.00	24.6	970	87.0	0.8	2.0	6.5	2.0	70	75	1.8	139
Y180M-6	15.00	31.4	970	89.5	0.8	1.8	6.5	2.0	70	78	1.8	182
Y200L1-6	18.50	37.7	970	89.8	0.8	1.8	6.5	2.0	73	78	1.8	228
Y200L2-6	22.00	44.6	980	90.2	0.8	1.8	6.5	2.0	73	78	1.8	246
Y225M-6	30.00	59.5	980	90.2	0.9	1.7	6.5	2.0	76	81	1.8	294
Y250M-6	37.00	72.0	980	90.8	0.9	1.8	6.5	2.0	76	81	2.8	395
Y280S-6	45.00	85.4	980	92.0	0.9	1.8	6.5	2.0	79	84	2.8	505
Y280M-6	55.00	104.0	980	92.0	0.9	1.8	6.5	2.0	79	84	2.8	56
Y315S-6	75.00	141.0	980	92.8	0.9	1.6	6.5	2.0	87	92	2.8	850
Y315M-6	90.00	169.0	980	93.2	0.9	1.6	6.5	2.0	87	92	2.8	965
Y315L1-6	110.00	206.0	980	93.5	0.9	1.6	6.5	2.0	87	92	2.8	1028
Y315L2-6	132.00	246.0	980	93.8	0.9	1.6	6.5	2.0	87	92	2.8	1195
Y355M1-6	160.00	300.0	990	94.1	0.9	1.3	6.7	2.0	102		4.5	1590
Y355M2-6	185.00	347.0	990	94.3	0.9	1.3	6.7	2.0	102		4.5	1665
Y355M4-6	200.00	375.0	990	94.3	0.9	1.3	6.7	2.0	102		4.5	1725
Y355L1-6	220.00	411.0	991	94.5	0.9	1.3	6.7	2.0	102		4.5	1780

型号	额定功率（kW）	额定电流（A）	转速（r/min）	效率（%）	功率因数 cos φ	堵转转矩 额定转矩（倍）	堵转电流 额定电流（倍）	最大转矩 额定转矩（倍）	噪声［dB（A）］ 1级	噪声［dB（A）］ 2级	振动速度（mm/s）	质量（kg）
Y355L3-6	250.00	466.0	991	94.7	0.9	1.3	6.7	2.0	105		4.5	1865
同步转速，750 r/min，8 级												
Y132S-8	2.20	5.8	710	80.5	0.7	2.0	5.5	2.0	61	66	1.8	66
Y132M-8	3.00	7.7	710	82.0	0.7	2.0	5.5	2.0	61	66	1.8	76
Y160M1-8	4.00	9.9	720	84.0	0.7	2.0	6.0	2.0	64	69	1.8	105
Y160M2-8	5.50	13.3	720	85.0	0.7	2.0	6.0	2.0	64	69	1.8	115
Y160L-8	7.50	17.7	720	86.0	0.8	2.0	5.5	2.0	67	69	1.8	140
Y180L-8	11.00	24.8	730	87.5	0.8	1.7	6.0	2.0	67	72	1.8	180
Y200L-8	15.00	34.1	730	88.0	0.8	1.8	6.0	2.0	70	72	1.8	228
Y225S-8	18.50	41.3	730	89.5	0.8	1.7	6.0	2.0	70	75	1.8	265
Y225M-8	22.00	47.6	730	90.0	0.8	1.8	6.0	2.0	70	75	1.8	296
Y250M-8	30.00	63.0	730	90.5	0.8	1.8	6.0	2.0	73	75	1.8	391
Y280S-8	37.00	78.2	740	91.0	0.8	1.8	6.0	2.0	73	78	2.8	500
Y280M-8	45.00	93.2	740	91.7	0.8	1.8	6.0	2.0	73	78	2.8	562
Y315S-8	55.00	114.0	740	92.0	0.8	1.6	6.5	2.0	82	87	2.8	875
Y315M-8	75.00	152.0	740	92.5	0.8	1.6	6.5	2.0	82	87	2.8	1008
Y315L1-8	90.00	179.0	740	93.0	0.8	1.6	6.5	2.0	82	87	2.8	1065
Y315L2-8	110.00	218.0	740	93.3	0.8	1.6	6.3	2.0	82	87	2.8	1195
Y355M2-8	132.00	264.0	740	93.8	0.8	1.3	6.3	2.0	99		4.5	1675
Y355M4-8	160.00	319.0	740	94.0	0.8	1.3	6.3	2.0	99		4.5	1730
Y355L3-8	185.00	368.0	742	94.2	0.8	1.3	6.3	2.0	99		4.5	1840
Y355L4-8	200.00	398.0	743	94.3	0.8	1.3	6.3	2.0	99		4.5	1905
同步转速，600 r/min，10 级												
Y315S-10	45.00	101.0	590	91.5	0.7	1.4	6.0	2.0	82	87	2.8	838
Y315M-10	55.00	123.0	590	92.0	0.7	1.4	6.0	2.0	82	87	2.8	960

型号	额定功率(kW)	额定电流(A)	转速(r/min)	效率(%)	功率因数cosφ	堵转转矩/额定转矩(倍)	堵转电流/额定电流(倍)	最大转矩/额定转矩(倍)	噪声[dB(A)] 1级	2级	振动速度(mm/s)	质量(kg)
Y315L2-10	75.00	164.0	590	92.5	0.8	1.4	6.0	2.0	82	87	2.8	1180
Y355M1-10	90.00	191.0	595	93.0	0.8	1.2	6.0	2.0	96		4.5	1620
Y355M2-10	110.00	230.0	595	93.2	0.8	1.2	6.0	2.0	96		4.5	1775
Y355L1-10	132.00	275.0	595	93.5	0.8	1.2	6.0	2.0	96		4.5	1880

二、Y2 系列三相异步电动机

Y2 系列三相异步电动机是 Y 系列电动机的更新换代产品，是一般用途的全封闭自扇冷式鼠笼型三相异步电动机。Y2 系列三相异步电动机的安装尺寸和功率等级符合 IEC 标准，与德国 DIN 42673-2 1983-04 标准一致。与 Y 系列电动机一样，其外壳防护等级为 IP54，冷却方法为 IC411，为连续工作制 (S1)。采用 F 级绝缘，温升按 B 级考核（除 315L2-2、4，355 全部规格按 F级考核外），并要求考核负载噪声指标。

Y2 系列三相异步电动机额定电压为 380 V，额定频率为 50 Hz。功率3 kW及以下为 Y 连接，其他功率均为△连接。电动机运行地点的海拔不超过1000 m；环境空气温度随季节变化，但最高不超过 40℃；最低环境空气温度为－15℃；最湿月平均最高相对湿度为 90%，同时该月平均最低温度不高于 25℃。

Y2 系列三相异步电动机的基础参数见附表 2-2。

附表 2-2　Y2 系列三相异步电动机的基础参数

型号	额定功率(kW)	额定电流(A)	转速(r/min)	效率(%)	功率因数cosφ	最大转矩/额定转矩(倍)	最小转矩/额定转矩(倍)	堵转转矩/额定转矩(倍)	堵转电流/额定电流(倍)	噪声[dB(A)] 空载	空负载之差	振动速度(mm/s)
2 极												
Y2-63M1-2	0.18	0.5	2820	65.0	0.80	2.2	1.6	2.2	5.5	61	2	1.8

续表

型号	额定功率 (kW)	额定电流 (A)	转速 (r/min)	效率 (%)	功率因数 cos φ	最大转矩 额定转矩 (倍)	最小转矩 额定转矩 (倍)	堵转转矩 额定转矩 (倍)	堵转电流 额定电流 (倍)	噪声 [dB (A)] 空载	噪声 [dB (A)] 空负载之差	振动速度 (mm/s)
Y2-63M2-2	0.25	0.7	2820	68.0	0.81	2.2.	1.6	2.2	5.5	61	2	1.8
Y2-71M1-2	0.37	1.0	2820	70.0	0.81	2.2	1.6	2.2	6.1	64	2	1.8
Y2-71M2-2	0.55	1.4	2820	73.0	0.82	2.3	1.6	2.2	6.1	64	2	1.69
Y2-80M1-2	0.75	1.8	2830	75.0	0.83	2.3	1.5	2.2	6.1	67	2	1.8
Y2-80M2-2	1.10	2.6	2830	77.0	0.84	2.3	1.5	2.2	7.0	67	2	1.8
Y2-90S-2	1.50	3.4	2840	79.0	0.84	2.3	1.5	2.2	7.0	72	2	1.8
Y2-90L-2	2.20	4.9	2840	81.0	0.85	2.3	1.4	2.2	7.0	72	2	1.8
Y2-100L-2	3.00	6.3	2880	83.0	0.87	2.3	1.4	2.2	7.5	76	2	1.8
Y2-112M-2	4.00	8.1	2890	85.0	0.88	2.3	1.4	2.2	7.5	77	2	1.8
Y2-132S1-2	5.50	11.0	2900	86.0	0.88	2.3	1.2	2.2	7.5	80	2	1.8
Y2-132S2-2	7.50	14.9	2900	87.0	0.88	2.3	1.2	2.2	7.5	80	2	1.8
Y2-160M1-2	11.00	21.3	2930	88.0	0.89	2.3	1.2	2.2	7.5	86	2	2.8
Y2-160M2-2	15.00	38.8	2930	89.0	0.89	2.3	1.2	2.2	7.5	86	2	2.8
Y2-160L-2	18.50	34.7	2930	90.0	0.90	2.3	1.1	2.2	7.5	86	2	2.8
Y2-180M-2	22.00	41.0	2940	90.0	0.90	2.3	1.1	2.0	7.5	89	2	2.8
Y2-200L1-2	30.00	55.5	2950	91.2	0.90	2.3	1.1	2.0	7.5	92	2	2.8
Y2-200L2-2	37.00	67.9	2950	92.0	0.90	2.3	1.1	2.0	7.5	92	2	2.8
Y2-225M-2	45.00	82.3	2960	92.3	0.90	2.3	1.0	2.0	7.5	92	2	2.8
Y2-250M-2	55.00	101.0	2970	92.5	0.90	2.3	1.0	2.0	7.5	93	2	3.5
Y2-280S-2	75.00	134.4	2970	93.0	0.90	2.3	0.9	2.0	7.5	94	2	3.5
Y2-280M-2	90.00	160.2	2970	93.8	0.91	2.3	0.9	2.0	7.5	94	2	3.5
Y2-315S-2	110.00	195.0	2980	94.0	0.91	2.2	0.9	1.8	7.1	96	2	3.5
Y2-315M-2	132.00	233.0	2980	94.5	0.91	2.2	0.9	1.8	7.1	96	2	3.5
Y2-315L1-2	160.00	279.0	2980	94.6	0.92	2.2	0.9	1.8	7.1	99	2	3.5
Y2-315L2-2	200.00	348.0	2980	94.8	0.92	2.2	0.8	1.8	7.1	99	2	3.5

续表

型号	额定功率（kW）	额定电流（A）	转速（r/min）	效率（%）	功率因数 cos φ	最大转矩/额定转矩（倍）	最小转矩/额定转矩（倍）	堵转转矩/额定转矩（倍）	堵转电流/额定电流（倍）	噪声[dB（A）] 空载	噪声[dB（A）] 空负载之差	振动速度（mm/s）
Y2-355M-2	250.00	433.0	2980	95.3	0.92	2.2	0.8	1.6	7.1	103	2	3.5
Y2-355L-2	315.00	544.0	2980	95.6	0.92	2.2	0.8	1.6	7.1	103	2	3.5
4 极												
Y2-63M1-4	0.12	0.4	1370	57.0	0.72	2.2	1.7	2.1	4.4	52	5	1.8
Y2-63M2-4	0.18	0.6	1370	60.0	0.73	2.2	1.7	2.1	4.4	52	5	1.8
Y2-71M1-4	0.25	0.8	1380	65.0	0.74	2.2	1.7	2.1	5.2	55	5	1.8
Y2-71M2-4	0.37	1.0	1380	67.0	0.75	2.2	1.7	2.1	5.2	55	5	1.8
Y2-80M1-4	0.55	1.6	1390	71.0	0.75	2.3	1.7	2.4	5.2	58	5	1.8
Y2-80M2-4	0.75	2.0	1390	73.0	0.76	2.3	1.6	2.3	6.0	58	5	1.8
Y2-90S-4	1.10	2.9	1400	75.0	0.77	2.3	1.6	2.3	6.0	60	5	1.8
Y2-90L-4	1.50	3.7	1400	78.0	0.79	2.3	1.6	2.3	6.0	60	5	1.8
Y2-100L1-4	2.20	5.2	1430	80.0	0.81	2.3	1.5	2.3	7.0	64	5	1.8
Y2-100L2-4	3.00	6.8	1430	82.0	0.82	2.3	1.5	2.3	7.0	64	5	1.8
Y2-112M-4	4.00	8.8	1440	84.0	0.82	2.3	1.5	2.3	7.0	65	5	1.8
Y2-132S-4	5.50	11.8	1440	85.0	0.83	2.3	1.4	2.3	7.0	71	5	1.8
Y2-132M-4	7.50	15.6	1440	87.0	0.84	2.3	1.4	2.3	7.0	71	5	1.8
Y2-160M-4	11.00	22.3	1460	88.0	0.84	2.3	1.4	2.2	7.0	75	5	2.8
Y2-160L-4	15.00	30.1	1460	89.0	0.85	2.3	1.4	2.2	7.5	75	4	2.8
Y2-180M-4	18.50	36.5	1470	80.5	0.86	2.3	1.2	2.2	7.5	76	4	2.8
Y2-180L-4	22.00	43.2	1470	91.0	0.86	2.3	1.2	2.2	7.5	76	4	2.8
Y2-200L-4	30.00	57.6	1470	92.0	0.86	2.3	1.2	2.2	7.2	79	4	2.8
Y2-225S-4	37.00	69.9	1475	92.5	0.87	2.3	1.2	2.2	7.2	81	4	2.8
Y2-225M-4	45.00	84.7	1475	92.8	0.87	2.3	1.1	2.2	7.2	81	3	2.8
Y2-250M-4	55.00	103.0	1480	93.0	0.87	2.3	1.1	2.2	7.2	83	3	3.5
Y2-280S-4	75.00	139.6	1480	93.8	0.87	2.3	1.0	2.2	7.2	86	3	3.5

续表

型号	额定功率(kW)	额定电流(A)	转速(r/min)	效率(%)	功率因数cos φ	最大转矩 额定转矩(倍)	最小转矩 额定转矩(倍)	堵转转矩 额定转矩(倍)	堵转电流 额定电流(倍)	噪声[dB(A)] 空载	噪声[dB(A)] 空负载之差	振动速度(mm/s)
Y2-280M-4	90.00	166.9	1480	94.2	0.87	2.3	1.0	2.2	7.2	86	3	3.5
Y2-315S-4	110.00	201.0	1480	94.5	0.88	2.2	1.0	2.1	6.9	93	3	3.5
Y2-315M-4	132.00	240.0	1480	94.8	0.88	2.2	1.0	2.1	6.9	93	3	3.5
Y2-315L1-4	160.00	287.0	1480	94.9	0.89	2.2	1.0	2.1	6.9	97	3	3.5
Y2-315L2-4	200.00	359.0	1480	95.0	0.89	2.2	0.9	2.1	6.9	97	3	3.5
Y2-355M-4	250.00	443.0	1480	95.3	0.90	2.2	0.9	2.1	6.9	101	3	3.5
Y2-355L-4	315.00	556.0	1480	95.6	0.90	2.2	0.8	2.1	6.9	101	3	3.5
6 极												
Y2-71M1-6	0.18	0.7	900	56.0	0.66	2	1.5	1.9	4	52	7	1.8
Y2-71M2-6	0.25	1.0	900	59.0	0.68	2	1.5	1.9	4	52	7	1.8
Y2-80M1-6	0.37	1.3	900	62.0	0.7	2	1.5	1.9	4.7	54	7	1.8
Y2-80M2-6	0.55	1.8	900	65.0	0.72	2.1	1.5	1.9	4.7	54	7	1.8
Y2-90S-6	0.75	2.3	910	69.0	0.72	2.1	1.5	2	5.5	57	7	1.8
Y2-90L-6	1.10	3.2	910	72.0	0.73	2.1	1.3	2	5.5	57	7	1.8
Y2-100L-6	1.50	3.9	940	76.0	0.75	2.1	1.3	2	5.5	61	7	1.8
Y2-112M-6	2.20	5.6	940	79.0	0.76	2.1	1.3	2	6.5	65	7	1.8
Y2-132S-6	3.00	7.4	960	81.0	0.76	2.1	1.3	2.1	6.5	69	7	1.8
Y2-132M1-6	4.00	9.8	960	82.0	0.76	2.1	1.3	2.1	6.5	69	7	1.8
Y2-132M2-6	5.50	12.9	960	84.0	0.77	2.1	1.3	2.1	6.5	69	7	1.8
Y2-160M-6	7.50	17.0	970	86.0	0.77	2.1	1.3	2	6.5	73	7	2.8
Y2-160L-6	11.00	24.2	970	87.5	0.78	2.1	1.2	2	6.5	73	7	2.8
Y2-180M-6	15.00	31.6	970	89.0	0.81	2.1	1.2	2	7.0	73	6	2.8
Y2-200L1-6	18.50	38.6	980	90.0	0.81	2.1	1.2	2.1	7.0	76	6	2.8
Y2-200L2-6	22.00	44.7	980	90.0	0.83	2.1	1.2	2.1	7.0	76	6	2.8
Y2-225M-6	30.00	59.3	980	91.5	0.84	2.1	1.2	2	7.0	76	6	2.8

型号	额定功率(kW)	额定电流(A)	转速(r/min)	效率(%)	功率因数cosφ	最大转矩/额定转矩(倍)	最小转矩/额定转矩(倍)	堵转转矩/额定转矩(倍)	堵转电流/额定电流(倍)	噪声[dB(A)] 空载	噪声 空负载之差	振动速度(mm/s)
Y2-250M-6	37.00	71.0	980	92.0	0.86	2.1	1.2	2.1	7.0	78	6	3.5
Y2-280S-6	45.00	85.9	980	92.5	0.86	2.0	1.1	2.1	7.0	80	5	3.5
Y2-280M-6	55.00	104.7	980	92.8	0.86	2.0	1.1	2.1	7.0	80	5	3.5
Y2-315S-6	75.00	141.0	980	93.5	0.86	2.0	1.0	2	7.0	85	5	3.5
Y2-315M-6	90.00	169.0	980	93.8	0.86	2.0	1.0	2	7.0	85	5	3.5
Y2-315L1-6	110.00	206.0	980	94.0	0.86	2.0	1.0	2	6.7	85	5	3.5
Y2-315L2-6	132.00	244.0	980	94.2	0.87	2.0	1.0	2	6.7	85	4	3.5
Y2-355M1-6	160.00	292.0	980	94.5	0.88	2.0	1.0	1.9	6.7	92	4	3.5
Y2-355M2-6	200.00	365.0	980	94.7	0.88	2.0	0.9	1.9	6.7	92	4	3.5
Y2-355L-6	250.00	455.0	980	94.9	0.88	2.0	0.9	1.9	6.7	92	4	3.5
8 极												
Y2-80M1-8	0.18	0.9	700	51.0	0.61	1.9	1.3	1.8	3.3	52	8	1.8
Y2-80M2-8	0.25	1.2	700	54.0	0.61	1.9	1.3	1.8	3.3	52	8	1.8
Y2-90S-8	0.37	1.5	700	62.0	0.61	1.9	1.3	1.8	4.0	56	8	1.8
Y2-90L-8	0.55	2.2	700	63.0	0.61	2.0	1.3	1.8	4.0	56	8	1.8
Y2-100L1-8	0.75	2.4	700	71.0	0.67	2.0	1.3	1.8	5.0	59	8	1.8
Y2-100L2-8	1.10	3.4	700	73.0	0.69	2.0	1.2	1.8	5.0	59	8	1.8
Y2-112M-8	1.50	4.5	710	75.0	0.69	2.0	1.2	1.8	5.0	61	8	1.8
Y2-132S-8	2.20	6.0	710	78.0	0.71	2.0	1.2	1.8	5.0	64	8	1.8
Y2-132M-8	3.00	7.9	710	79.0	0.73	2.0	1.2	1.8	6.0	64	8	1.8
Y2-160M1-8	4.00	10.3	720	81.0	0.73	2.0	1.2	1.9	6.0	68	8	2.8
Y2-160M2-8	5.50	13.6	720	83.0	0.74	2.0	1.2	2.0	6.0	68	8	2.8
Y2-160L-8	7.50	17.8	720	85.5	0.75	2.0	1.2	2.0	6.0	68	8	2.8
Y2-180L-8	11.00	25.1	730	87.5	0.70	2.0	1.2	2.0	6.6	70	8	2.8
Y2-200L-8	15.00	34.1	730	88.0	0.76	2.0	1.1	2.0	6.6	73	7	2.8

续表

型号	额定功率（kW）	额定电流（A）	转速（r/min）	效率（%）	功率因数 cos φ	最大转矩 额定转矩（倍）	最小转矩 额定转矩（倍）	堵转转矩 额定转矩（倍）	堵转电流 额定电流（倍）	噪声 [dB（A）] 空载	噪声 [dB（A）] 空负载之差	振动速度（mm/s）
Y2-225S-8	18.50	41.4	730	90.0	0.76	2.0	1.1	1.9	6.6	73	7	2.8
Y2-225M-8	22.00	47.4	730	90.5	0.78	2.0	1.1	1.9	6.6	73	7	2.8
Y2-250M-8	30.00	64.0	730	91.0	0.79	2.0	1.1	1.9	6.6	75	7	3.5
Y2-280S-8	37.00	77.8	740	91.5	0.79	2.0	1.1	1.9	6.6	76	7	3.5
Y2-280M-8	45.00	94.1	740	92.0	0.79	2.0	1.0	1.9	6.6	76	6	3.5
Y2-315S-8	55.00	111.0	740	92.8	0.81	2.0	1.0	1.8	6.6	82	36	3.5
Y2-315M-8	75.00	151.0	740	93.0	0.81	2.0	0.9	1.8	6.6	82	6	3.5
Y2-315L1-8	90.00	178.0	740	93.8	0.82	2.0	0.9	1.8	6.6	82	6	3.5
Y2-315L2-8	110.00	217.0	740	94.0	0.82	2.0	0.9	1.8	6.4	82	6	3.5
Y2-355M1-8	132.00	261.0	740	93.7	0.82	2.0	0.9	1.8	6.4	90	5	3.5
Y2-355M2-8	160.00	315.0	740	94.2	0.82	2.0	0.9	1.8	6.4	90	5	3.5
Y2-355L-8	200.00	388.0	740	94.5	0.83	2.0	0.9	1.8	6.4	90	5	3.5
10 极												
Y2-315S-10	45.00	100.0	590	91.5	0.75	2.0	0.8	1.5	6.2	82	7	3.5
Y2-315M-10	55.00	121.0	590	92.0	0.75	2.0	0.8	1.5	6.2	82	7	3.5
Y2-315L1-10	75.00	162.0	590	92.5	0.76	2.0	0.8	1.5	6.2	82	7	3.5
Y2-315L2-10	90.00	191.0	590	93.0	0.77	2.0	0.8	1.5	6.2	82	7	3.5
Y2-355M1-10	110.00	230.0	590	93.2	0.78	2.0	0.8	1.3	6.0	90	7	3.5
Y2-355M2-10	132.00	275.0	590	93.5	0.78	2.0	0.8	1.3	6.0	90	6	3.5
Y2-355L-10	160.00	334.0	590	93.5	0.78	2.0	0.8	1.3	6.0	90		

附录3　抽油机典型实测示功图分析

示功图是由载荷随位移变化的关系曲线所构成的封闭曲线图，表示悬点载荷与位移关系的示功图称为地面示功图或光杆示功图。在实际工作中，以实测地面示功图作为分析深井泵工作状况的主要依据。在抽油机采油过程中，用动力仪绘出示功图，定性分析抽油泵的工作情况，是了解井下抽油泵工作状况的重要手段。由于抽油井的生产状况很复杂，深井泵在井下工作的影响因素很多，不但受到"机、杆、泵"（抽油设备）的影响，而且直接受到变化着的"砂、蜡、气、水"的影响。尤其在定向井中，这种情况更为突出。这导致油井生产过程中所测的示功图形状复杂，解释差错率高，给及时分析井下抽油泵工作状况、掌握油井生产动态和组织下一步生产带来了很多困难。因此，分析示功图时，既要全面了解油井的生产情况、设备状况和测试仪器的好坏程度，根据多方资料进行综合分析，同时又要善于从各种因素中找出引起示功图变异的主要因素，这样才能做出正确判断。

为了能正确分析和解释示功图，通常要绘制出理论示功图进行对比分析。由于实测示功图的解释是以理论示功图为基础的，因此，对理论示功图特征的分析尤为重要。

1. 正常示功图

正常示功图如附图3—1所示。

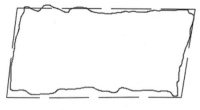

附图3—1　正常示功图

特征描述：正常情况下，实测示功图和理论示功图的差异不大，均为近似的平行四边形，如附图3—1所示实线部分。由于抽油设备的振动、油井深度

174

使抽油杆受到较大的惯性力，图形出现波动和偏转。一般来说，示功图中上、下波形的平均线平行，左、右曲线的平均线平行，不同的是：上、下载荷线与基线不平行，形成一个夹角。随着冲次频率加快，惯性载荷和振动载荷相应增加，导致示功图沿着顺时针方向产生偏转，如附图 3－2 所示实线部分。

2. 气体影响示功图

气体影响示功图如附图 3－2 所示。

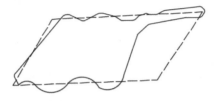

附图 3－2　气体影响示功图

特征描述：上行程——泵内气体膨胀，使泵内压力不能很快降低，造成固定阀推迟打开，增载缓慢。下行程——泵内气体被压缩，使泵内压力增加缓慢，游动阀推迟打开，卸载缓慢。附图 3－2 中图形右下角缺失，卸载线是一条圆弧，该圆弧圆心在下面。沉没度较低，泵效低于 40%。

3. 气锁示功图

气锁示功图如附图 3－3 所示。

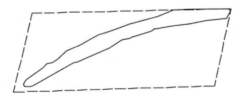

附图 3－3　气锁示功图

特征描述：固定阀打不开，游动阀关不上。图形呈圆弧形。这种井无产量。

4. 供液不足示功图

供液不足示功图如附图 3－4 所示。

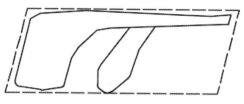

附图 3-4　供液不足示功图

特征描述：上行程——示功图正常，只是泵筒未充满。下行程——由于泵筒未充满且液面低，开始悬点载荷不降低，只有当活塞碰到液面时其才开始卸载，右下角缺失一部分，随抽油时间增长缺口增大。卸载线有一明显拐点，卸载线基本上与理论示功图的卸载线平行。下行程线与上行程线平行。示功图出现刀把现象，充满程度越低，刀把越长。这种井产量不高，泵效低于40%。

5. 管漏失示功图

管漏失示功图如附图 3-5 所示。

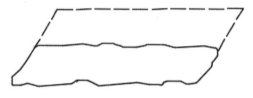

附图 3-5　管漏失示功图

特征描述：油管漏失后，漏失点以上的液柱就会漏失到油套管环形空间，使悬点载荷达不到理论上的最大载荷。图形呈平行四边形，即与理论示功图相似，但是实际载荷远低于理论载荷。漏失点越接近井口，实际的最大载荷线越接近理论最大载荷线。漏失部位越靠近泵口，图形越窄。主要是由于油管未上紧或腐蚀穿孔造成的。

6. 管断脱示功图

管断脱示功图如附图 3-6 所示。

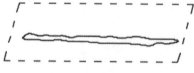

附图 3-6　管断脱示功图

特征描述：与抽油杆断脱示功图类似，在理论最小载荷线以上，接近理论最小载荷线。

7. 抽油杆断脱示功图

抽油杆断脱示功图如附图 3−7 所示。

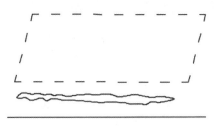

附图 3−7 抽油杆断脱示功图

特征描述：抽油杆断脱后，上行程悬点载荷为断脱点以上抽油杆柱的重力，下冲程的悬点载荷为断脱点以上抽油杆柱在液体中的重力。因此，示功图位于理论最小载荷线的下方，图形呈"黄瓜状"。

8. 游动阀漏失示功图

游动阀漏失示功图如附图 3−8 所示。

附图 3−8 游动阀漏失示功图

特征描述：泵排出部分漏失，活塞上方油管内的液体就会漏在活塞下方的泵筒内。

9. 固定阀漏失示功图

固定阀漏失示功图如附图 3−9 所示。

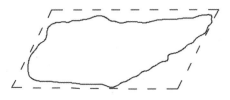

附图 3−9 固定阀漏失示功图

特征描述：下行程开始时，由于吸入部分漏失，使泵内压力上升缓慢，游动阀打开迟缓，悬点卸载缓慢，且右下角缺失；当活塞下行速度大于漏失速度时，悬点卸载结束，游动阀打开，固定阀关闭；下行程快结束时，漏失速度大于活塞运行速度，泵内压力降低，使游动阀提前关闭，悬点提前加载。

10. 游动阀、固定阀双漏失示功图

游动阀、固定阀双漏失示功图如附图 3—10 所示。

附图 3—10　游动阀、固定阀双漏失示功图

特征描述：示功图为排出部分漏失和吸入部分漏失示功图的叠加。增载、卸载都很缓慢，图形圆滑呈椭圆形。双凡尔漏失严重时的示功图与断脱示功图类似，呈"黄瓜状"。

11. 固定阀卡死关不上示功图

固定阀卡死关不上示功图如附图 3—11 所示。

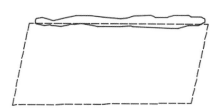

附图 3—11　固定阀卡死关不上示功图

特征描述：固定阀被卡死关不上，造成游动阀打不开而光杆不能卸载，图形在上理论载荷线附近，形状与自喷断脱示功图相似。

12. 固定阀卡死打不开示功图

固定阀卡死打不开示功图如附图 3—12 所示。

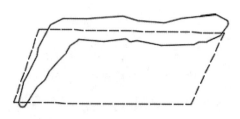

附图 3—12　固定阀卡死打不开示功图

特征描述：上行程载荷增大，下行程示功图不能卸载。

13. 活塞出泵筒示功图

活塞出泵筒示功图如附图 3—13 所示。

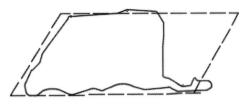

附图 3—13　活塞出泵筒示功图

特征描述：下泵时由于防冲距过大，使上行程的后半行程活塞脱出工作筒，脱出工作筒后悬点立即卸载，因此后半行程与下行程线基本重合并伴有振动。右下角有耳朵，右上角缺失，形状如倒置的"菜刀"。

14. 活塞碰固定阀示功图

活塞碰固定阀示功图如附图 3—14 所示。

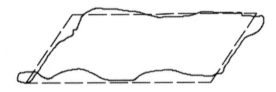

附图 3—14　活塞碰固定阀示功图

特征描述：下泵时防冲距过小，驴头在下行终止前（到下死点前），活塞与固定阀相撞，光杆载荷突然减小，示功图在左下角打扭。同时，上行程产生较大的波形，主要是因为防冲距太小，活塞到近下死点时碰到固定阀，使载荷突然减小，由于余振引起上行呈波浪形。

15. 上行碰泵示功图

上行碰泵示功图如附图 3—15 所示。

附图 3—15　上行碰泵示功图

特征描述：因为抽油杆长度配得不合适，使光杆下第一个接箍进入采油树，在井口碰刮；或者因用杆式泵或大泵时防冲距过大造成抽油机驴头在上行程终止前，抽油杆接箍碰刮井口，使载荷突然增加，图形在右上方有个小耳朵。

16. 活塞遇卡示功图

活塞遇卡示功图如附图 3-16 所示。

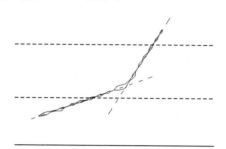

附图 3-16　活塞遇卡示功图

特征描述：活塞在泵筒中遇卡之后，抽汲过程中不能运动，驴头上、下运行时，只有抽油杆伸缩变形。上冲程时，悬点载荷首先是缓慢增加，当抽油杆被拉直后，悬点载荷急剧上升。下冲程时，首先是恢复弹性变形，卸载很快，到达卡死点以后，抽油杆柱载荷作用在卡死点上，卸载变得缓慢，直到驴头到达下死点。以上是理论分析，当活塞遇卡之后，一般应马上停抽，不测示功图。因为这样容易将抽油杆拉断，烧坏电动机。

17. 活塞与泵筒间隙漏失示功图

活塞与泵筒间隙漏失示功图如附图 3-17 所示。

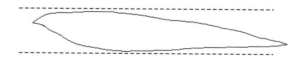

附图 3-17　活塞与泵筒间隙漏失示功图

特征描述：由于活塞与衬套之间磨损、间隙过大，造成漏失。在上行程时液体从间隙中漏失，光杆载荷减小，使右上角呈现斜坡，缺少一块面积。

18. 结蜡严重示功图

结蜡严重示功图如附图 3-18 所示。

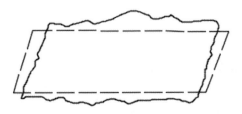

附图 3-18　结蜡严重示功图

特征描述：结蜡井，上、下行程流动阻力增加。上行程时，流动阻力的方向向下，使悬点载荷增加；下行程时，流动阻力的方向向上，使悬点载荷减小。示功图出现肥大，上、下行线均超过理论载荷线，且有波纹。

19. 稠油影响示功图

稠油影响示功图如附图 3-19 所示。

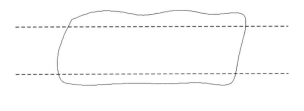

附图 3-19　稠油影响示功图

特征描述：稠油井，上、下行程流动阻力增加。上行程时，流动阻力的方向向下，使悬点载荷增加；下行程时，流动阻力的方向向上，使悬点载荷减小。稠油井的最大和最小载荷线振动要比结蜡井小，但这两种示功图都会出现肥大的情况。

20. 出砂示功图

出砂示功图如附图 3-20 所示。

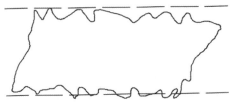

附图 3-20　出砂示功图

特征描述：油井出砂多为压裂后下泵。油井出砂，使活塞阻卡，上、下行程会出现振动载荷，光杆载荷在很短时间内发生急剧变化，载荷线上呈现不规则的锯齿尖锋。

21. 平衡重过轻示功图

平衡重过轻示功图如附图 3-21 所示。

附图 3-21　平衡重过轻示功图

特征描述：图形饱满。上行线平直。由于平衡重太轻，下行时变速箱输出转速产生滞后现象，出现振动，使下行载荷线产生大幅度波动。上、下行线基本平行。一般发生在换大泵、加深泵挂以后。

22. 平衡重过重示功图

平衡重过重示功图如附图 3-22 所示。

附图 3-22　平衡重过重示功图

特征描述：图形饱满。由于平衡重太重，上行程时变速箱输出转速产生滞后现象，出现振动，使上行程载荷线产生大幅度波动。下行程载荷线平直。上、下载荷线基本平行。这种示功图一般发生在换小泵、上提泵挂或调小参数时。

23. 管线堵，生产及回油闸门未开示功图

管线堵，生产及回油闸门未开示功图如附图 3-23 所示。

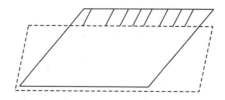

附图 3-23　管线堵，生产及回油闸门未开示功图

特征描述：产量无，载荷明显增加，冲程损失大，增、卸载线平行。

24. 盘根盒过紧示功图

盘根盒过紧示功图如附图3—24所示。

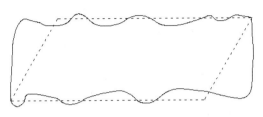

附图3—24 盘根盒过紧示功图

特征描述：增、卸载线均呈垂直线。

25. 油井带喷示功图

油井带喷示功图如附图3—25所示。

附图3—25 油井带喷示功图

特征描述：油井具有一定的自喷能力，固定阀和游动阀都处于开启状态，抽汲只起助喷作用，液柱载荷基本上不作用在悬点上。示功图的位置及载荷的大小取决于喷势的大小。一般情况下，图形在上、下理论载荷线之间，油井自喷喷势越大，图形越偏低，有些图形与抽油杆断脱时的图形相似，但油井泵效高于60％。自喷图形与泵未下入泵筒图形也相似，但后者一般是在新下泵或检泵后所出现的问题，且产量也不相同。